中学基礎がため100%

できた！ 中3

JN051789

生命・地球（第2分野）

中3理科 生命・地球（2分野） 本書の特長と使い方

本シリーズは，基礎からしっかりおさえ，十分な学習量によるくり返し学習で，確実に力をつけられるよう，各学年2分冊にしています。**「物質・エネルギー（1分野）」**と**「生命・地球（2分野）」**の2冊そろえての学習をおすすめします。

◆ 本書の使い方 ※ 1 2 …は，学習を進める順番です。

1 単元の最初でこれまでの復習。

「復習」と「復習ドリル」で，これまでに学習したことを復習します。

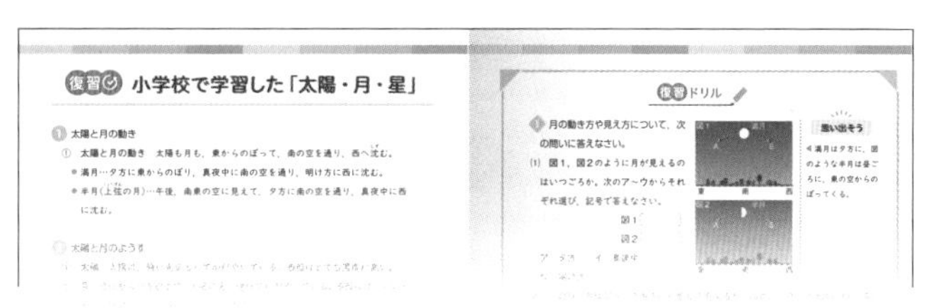

2 各章の要点を確認。

左ページの「学習の要点」を見ながら，右ページの「基本チェック」を解き，要点を覚えます。基本チェックは要点の確認をするところなので，配点はつけていません。

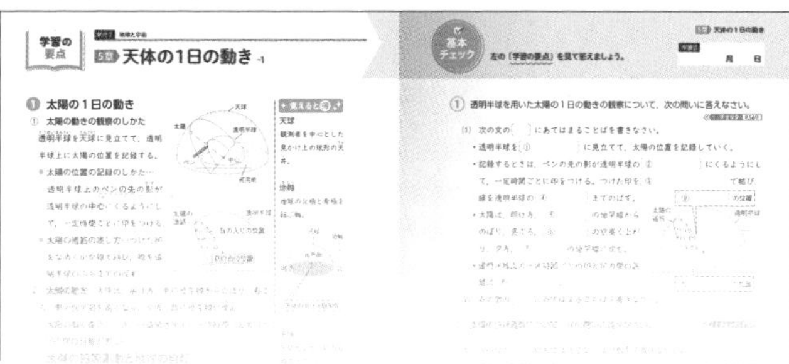

3 3ステップのドリルでしっかり学習。

「基本ドリル（100点満点）」・
「練習ドリル（50点もしくは100点満点）」・
「発展ドリル（50点もしくは100点満点）」の
3つのステップで，くり返し問題を解きながら力をつけます。

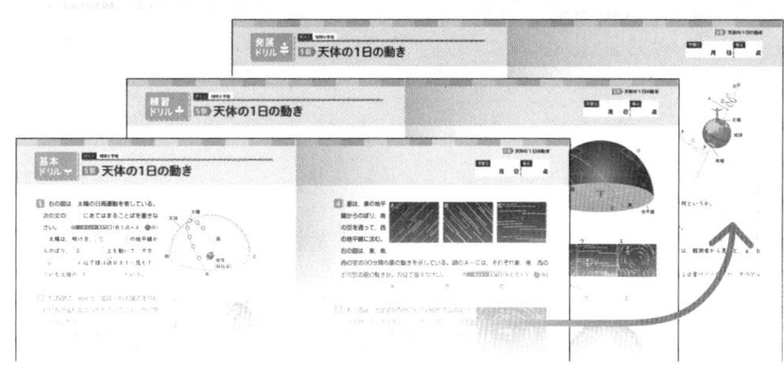

4 最後にもう一度確認。

「まとめのドリル（100点満点）」・
「定期テスト対策問題（100点満点）」で，
最後の確認をします。

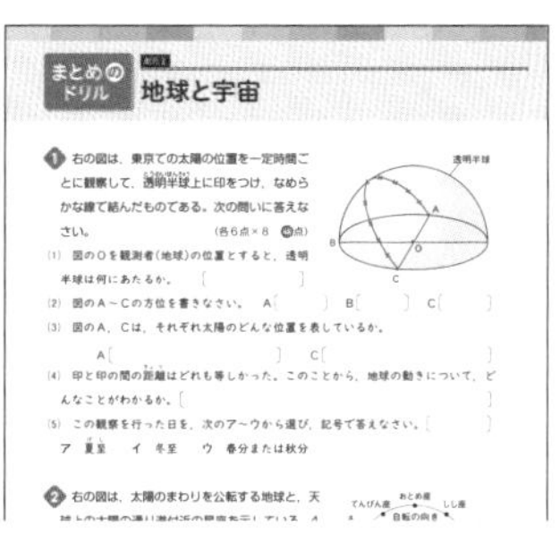

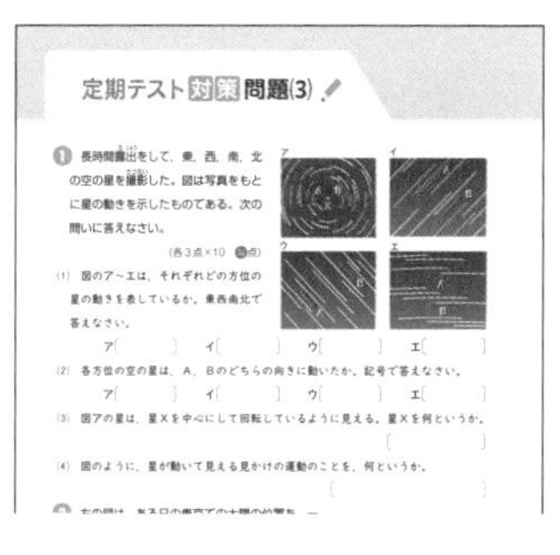

＼ テスト前に，4択問題で最終チェック！ ／
4択問題アプリ「中学基礎100」

くもん出版アプリガイドページへ ▶ 各ストアからダウンロード
＊アプリは無料ですが，ネット接続の際の通話料金は別途発生いたします。

「中3理科 生命・地球（2分野）」：パスワード 4895623

中3理科 ｜ 目次

生命・地球 （2分野）

復習 中2までに学習した「花のつくりとはたらき」「細胞」……… 4～5

単元1 生物のふえ方

1章 細胞分裂 ……… 6～15
- 学習の要点・基本チェック ❶細胞分裂
- 学習の要点・基本チェック ❷細胞分裂の観察
- 基本ドリル
- 練習ドリル
- 発展ドリル

2章 生物の生殖 ……… 16～25
- 学習の要点・基本チェック ❶無性生殖 ❷動物の有性生殖
- 学習の要点・基本チェック ❸植物の有性生殖 ❹減数分裂
- 基本ドリル
- 練習ドリル
- 発展ドリル

3章 生命の連続性 ……… 26～37
- 学習の要点・基本チェック ❶形質と遺伝
- 学習の要点・基本チェック ❷遺伝の規則性 ❸遺伝子とDNA
- 学習の要点・基本チェック ❹生物の進化
- 基本ドリル
- 練習ドリル
- 発展ドリル

まとめのドリル ……… 38～39
定期テスト対策問題(1) ……… 40～41
定期テスト対策問題(2) ……… 42～43

復習 小学校で学習した「太陽・月・星」……… 44～45

単元2 地球と宇宙

4章 太陽系と宇宙 ……… 46～55
- 学習の要点・基本チェック ❶太陽系の天体 ❷太陽 ❸銀河系
- 基本ドリル
- 練習ドリル
- 発展ドリル

5章 天体の1日の動き ……… 56～65
- 学習の要点・基本チェック ❶太陽の1日の動き ❷太陽の日周運動と地球の自転
- 学習の要点・基本チェック ❸星の1日の動き ❹星の日周運動と地球の自転
- 基本ドリル
- 練習ドリル
- 発展ドリル

6章 天体の1年の動き ……… 66～75
- 学習の要点・基本チェック ❶星の1年の動き ❷地球の公転と星の移り変わり ❸太陽の1年の動き
- 学習の要点・基本チェック ❹季節による昼の長さと太陽の高度 ❺地軸の傾きと気温の変化
- 基本ドリル
- 練習ドリル
- 発展ドリル

7章 月と金星の動きと見え方 ……… 76〜85

学習の要点・基本チェック | ❶ 月の動きと見え方
学習の要点・基本チェック | ❷ 金星の動きと見え方

基本ドリル
練習ドリル
発展ドリル

まとめのドリル ……… 86〜87
定期テスト対策問題(3) ……… 88〜89
定期テスト対策問題(4) ……… 90〜91

復習 小学校で学習した「生き物のくらしと自然環境」……… 92〜93

単元3 生物界のつながり / 自然と人間

8章 生物界のつながり／自然と人間 ……… 94〜103

学習の要点・基本チェック | ❶ 食物連鎖
❷ 生物界のつり合い
学習の要点・基本チェック | ❸ 分解者
❹ 自然界での物質の循環
❺ 自然と人間生活

基本ドリル
練習ドリル
発展ドリル

まとめのドリル ……… 104〜105
定期テスト対策問題(5) ……… 106〜107

中学の理科 分野のまとめテスト(1) ……… 108〜109
中学の理科 分野のまとめテスト(2) ……… 110〜111

復習 中2までに学習した「花のつくりとはたらき」「細胞」

1 花のつくりとはたらき

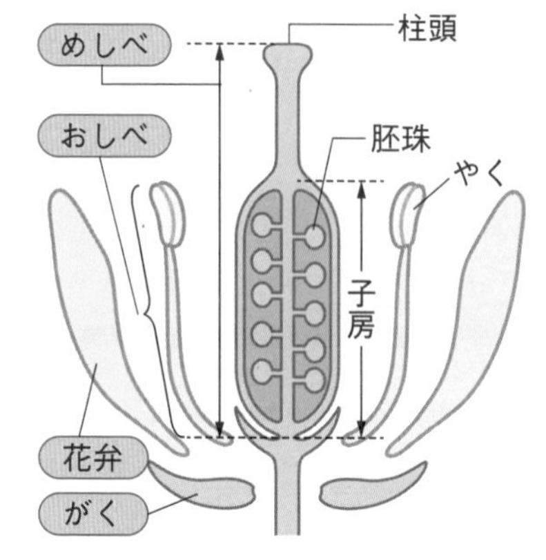

花の基本的なつくり（模式図）

① **花のつくり**　花には，めしべ，おしべ，花弁(花びら)，がくがある。

② **めしべ**　花の中心にあり，根もとはふくらんで子房となっている。子房の中に胚珠がある。また，子房がなく，胚珠がむき出しになっている植物もある。

- **被子植物**…胚珠が子房の中にある
- **裸子植物**…子房がなく，胚珠がむき出し

③ **おしべ**　めしべのまわりにあり，花粉の入ったやくが先端にある。

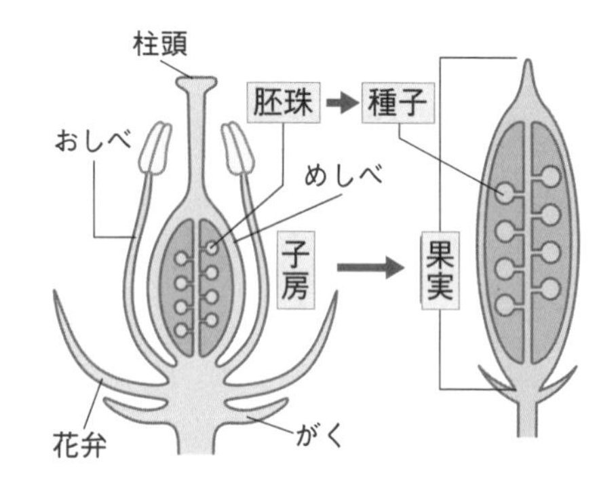

④ **受粉**　花粉がめしべの柱頭につくことを，受粉という。

⑤ **種子のでき方**　受粉すると，やがて子房は果実になり，胚珠は種子になる。

　受粉しなかった場合，花はしぼんだ後，そのまま枯れてしまう。

2 細胞

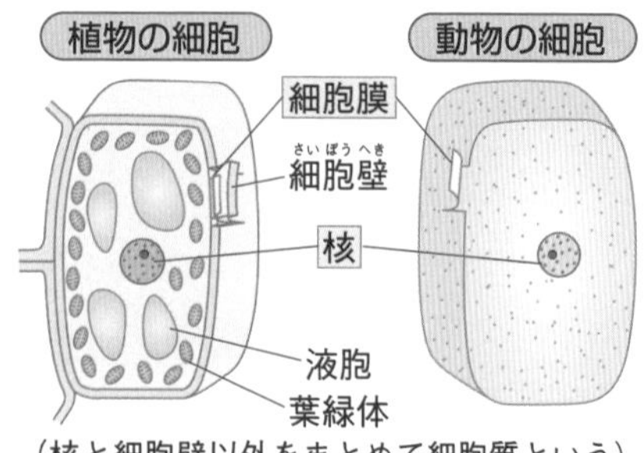

(核と細胞壁以外をまとめて細胞質という)

① **細胞のつくり**　植物の細胞にも動物の細胞にも見られるもの…核，細胞膜。

- **核**…１つの細胞に１個ある。核は染色液(酢酸カーミン液，酢酸オルセイン液)に染まる(赤くなる)。

② **単細胞生物**　からだが１つの細胞でできている生物。例ミカヅキモ，アメーバ，ゾウリムシ

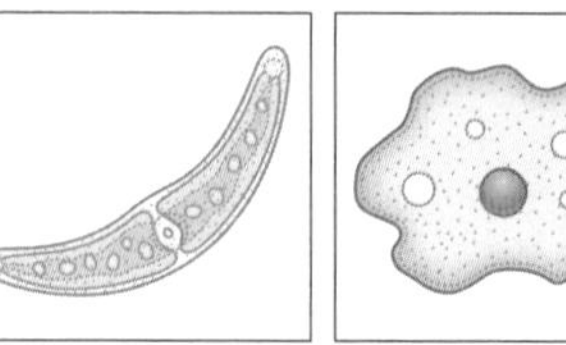

●ミカヅキモ(約80倍)

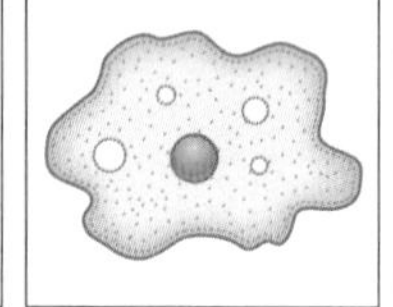

●アメーバ(約80倍)

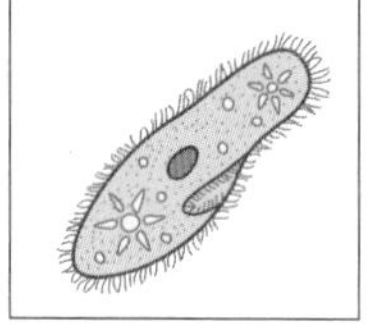

●ゾウリムシ(約80倍)

復習ドリル

1 右の図は，タンポポ，サクラの花のつくりを表したものである。次の問いに答えなさい。

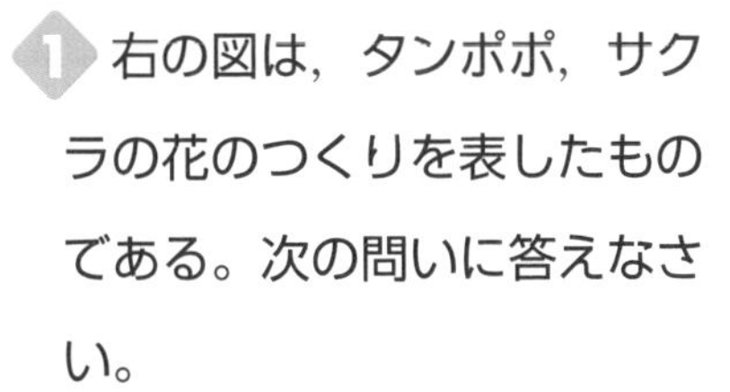

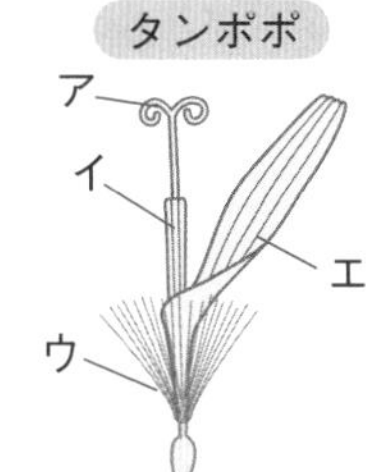

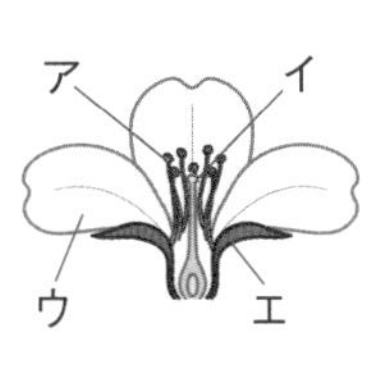

(1)　めしべとおしべはどれか。

それぞれ，図のア～エから選び，記号で答えなさい。

タンポポ　めしべ〔　　　　〕　おしべ〔　　　　〕

サクラ　　めしべ〔　　　　〕　おしべ〔　　　　〕

(2)　花粉がつくられるのはどこか。それぞれ，図のア～エから選び，記号で答えなさい。

タンポポ〔　　　　〕　サクラ〔　　　　〕

2 花のはたらきについて，次の問いに答えなさい。

(1)　次の文の〔　〕にあてはまることばを書きなさい。

花がさいた後，種子ができるためには，めしべの〔①　　　　〕に，〔②　　　　〕がつくことが必要である。このことを〔③　　　　〕という。

(2)　(1)の後，果実になる部分と種子になる部分は，それぞれ何か。

果実〔　　　　〕　種子〔　　　　〕

3 細胞のつくりについて，次の文の〔　〕にあてはまることばを書きなさい。

- 1つの細胞に1個あり，染色液に染まるのは〔①　　　　〕である。
- 核と細胞壁以外をまとめて〔②　　　　〕という。
- からだが1つの細胞でできている生物を〔③　　　　〕という。

思い出そう

◀いずれも被子植物の花である。

◀めしべは花の中心部にあることが多く，おしべはそのまわりにあることが多い。

◀花粉はおしべのやくの中に入っている。

◀果実は，めしべの根もとの部分がふくらんだものである。

◀核は1つの細胞に1個ある。

◀単細胞生物には，ミカヅキモ，アメーバ，ゾウリムシなどがある。

1章 細胞分裂 -1

1 細胞分裂

① **細胞分裂**　１個の細胞が２個の小さな細胞に分かれること。

- **染色体**…細胞分裂のときに，ひものような形に見えるもの。
- **体細胞分裂**…子孫を残すための特別な細胞(**生殖細胞**)以外の体細胞(からだをつくる細胞)で起こる細胞分裂。

② **植物の細胞分裂の順序**

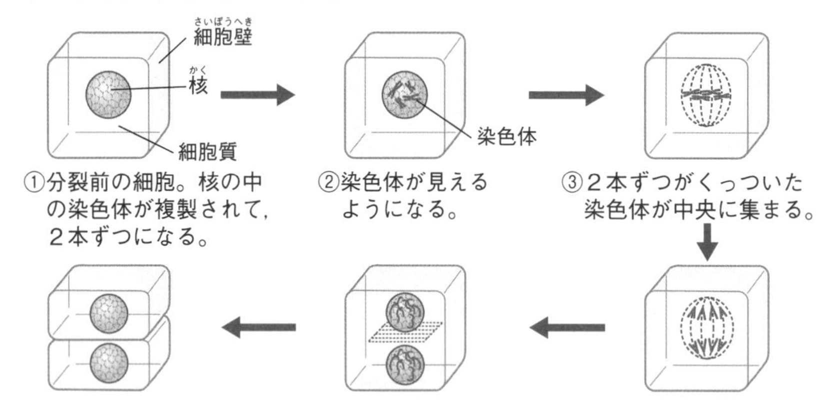

⑥染色体が見えなくなり，２つの新しい細胞になる。　⑤２つの核ができ始め，細胞質に仕切りができ始める。　④分かれた染色体がそれぞれ両端に移動する。

③ **動物の細胞分裂**　植物の細胞分裂の順序とほぼ同じ。
└単細胞生物は，２つに分かれて独立した個体になる。

- **異なる点**…植物の細胞のときのような仕切りはできない。図のように，細胞の両側からくびれて，２つの新しい細胞になる。

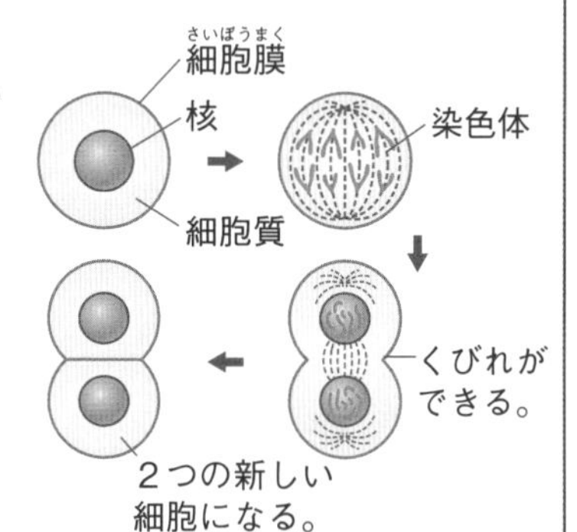

④ **生物の成長のしくみ**

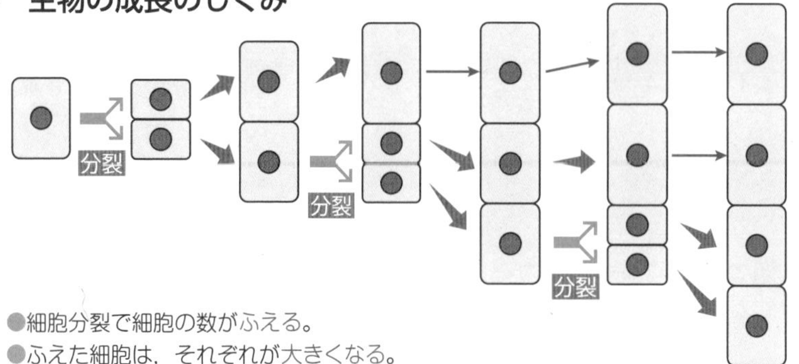

●細胞分裂で細胞の数がふえる。
●ふえた細胞は，それぞれが大きくなる。

覚えると得

細胞分裂の順序

染色体の複製
↓
染色体の出現
↓
染色体が分かれる
↓
仕切りの形成(植物)
くびれができる(動物)
↓
再び核ができ２つの細胞ができる
↓
細胞が大きくなる

ミスに注意

染色体

染色体は核の中にもともとあるが，細胞分裂するときだけ見えるようになる。
体細胞分裂では，染色体が複製されて２倍になり，２つの細胞に分けられるので，細胞分裂後の染色体の数は，もとの細胞と同じになる。

左の「学習の要点」を見て答えましょう。

学習日　　月　　日

1 細胞分裂について，次の問いに答えなさい。

チェック P.6 1 ①～③

(1) 次の文の〔　〕にあてはまることばや数字を書きなさい。

• 細胞分裂とは，〔①　　〕個の細胞が，〔②　　〕個の細胞に分かれることである。このとき，分裂前に染色体が〔③　　〕されて，数が２倍になるが，分裂後はもとの数になる。

• 植物の細胞分裂と動物の細胞分裂では，順序はほぼ同じだが，動物の細胞分裂では，植物の細胞分裂のような〔④　　〕はできない。細胞の両側からくびれて，２つの新しい細胞になる。

(2) 次の植物の細胞の図について，〔　〕にあてはまることばを書きなさい。

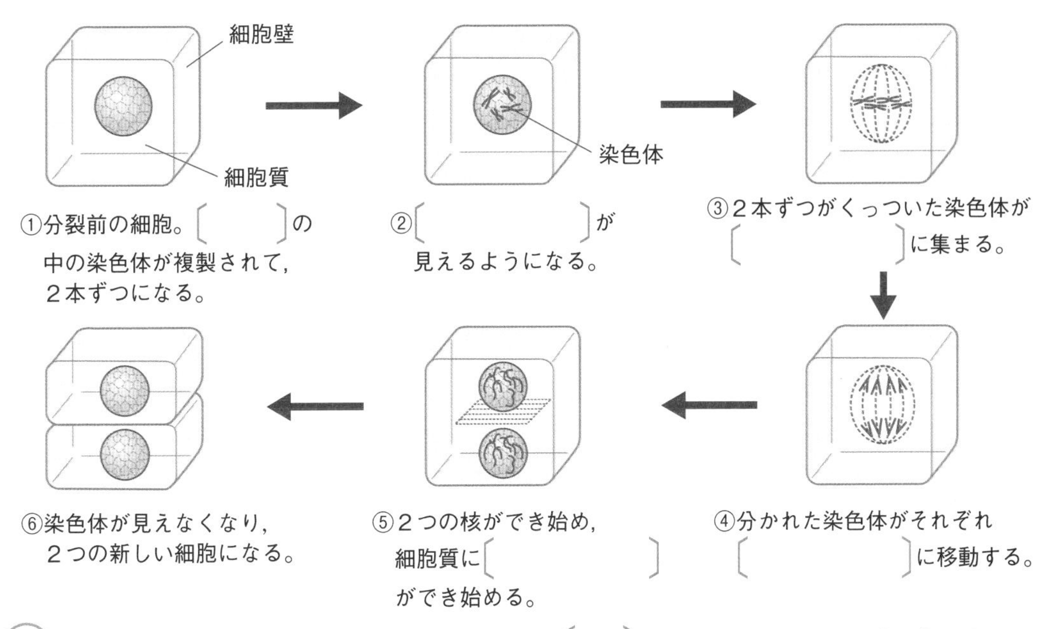

①分裂前の細胞。〔　　〕の中の染色体が複製されて，２本ずつになる。

②〔　　〕が見えるようになる。

③２本ずつがくっついた染色体が〔　　〕に集まる。

④分かれた染色体がそれぞれ〔　　〕に移動する。

⑤２つの核ができ始め，細胞質に〔　　〕ができ始める。

⑥染色体が見えなくなり，２つの新しい細胞になる。

2 生物の成長のしくみについて，次の文の〔　〕にあてはまることばを書きなさい。

チェック P.6 1 ④

生物は，次の２つによって成長する。

• 〔①　　〕で，細胞の数がふえる。

• ふえた細胞は，それぞれが〔②　　〕なる。

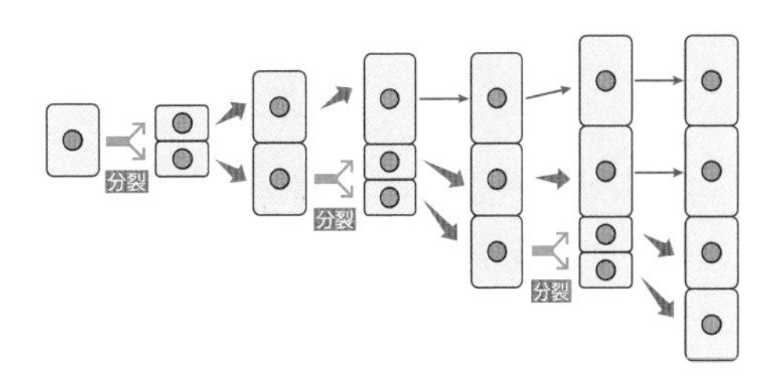

1章 細胞分裂 -2

② 細胞分裂の観察

① **細胞分裂の観察**　細胞分裂が活発に行われ，よく成長している部分を観察する。

- **タマネギの根の場合**…タマネギの根では，根の先端近くはよく成長しているが，それ以外の部分はあまり成長していない。
- **根がのびない部分**…それぞれの細胞が大きくなっているが，細胞分裂はほとんど行われていない。
- **根がのびる部分**…細胞分裂がさかんで，細胞の数が多い。

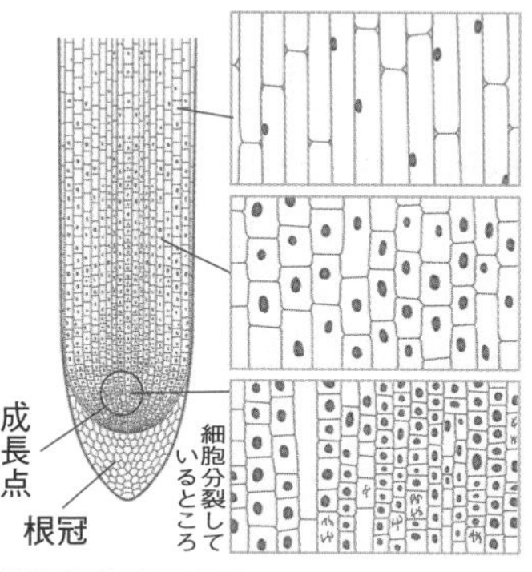

② **プレパラートのつくり方**

❶塩酸で処理する

細胞を１つ１つはなれやすくするため，観察するタマネギの根の先端部分を，あたためたうすい塩酸に入れる。

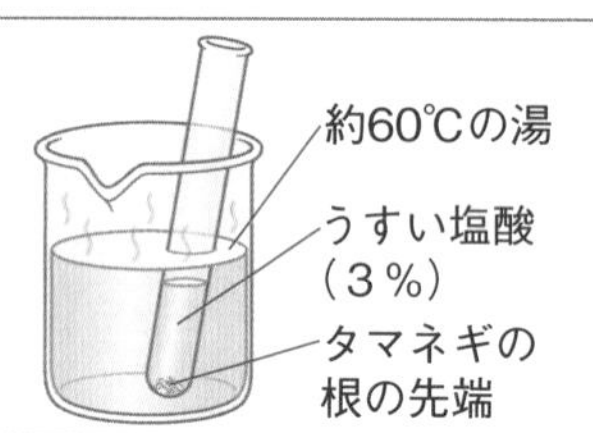

❷柄つき針でつぶす

塩酸からとり出して水に入れ，軽くすすいでからスライドガラスにのせ，柄つき針で軽くつぶす。

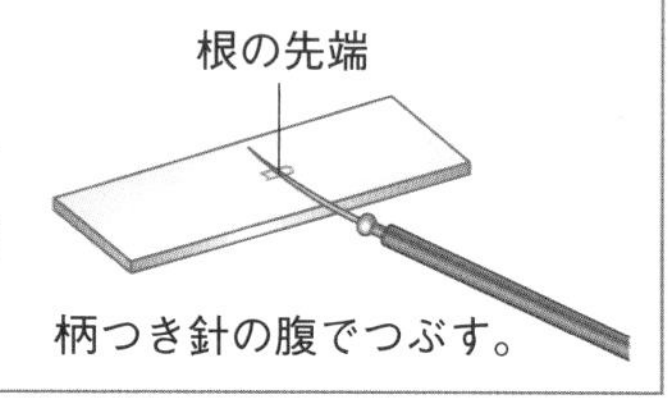

柄つき針の腹でつぶす。

❸染色し，カバーガラスをかける

酢酸カーミン液，または酢酸オルセイン液などの染色液をたらしてしばらくおいてから，カバーガラスをかける。

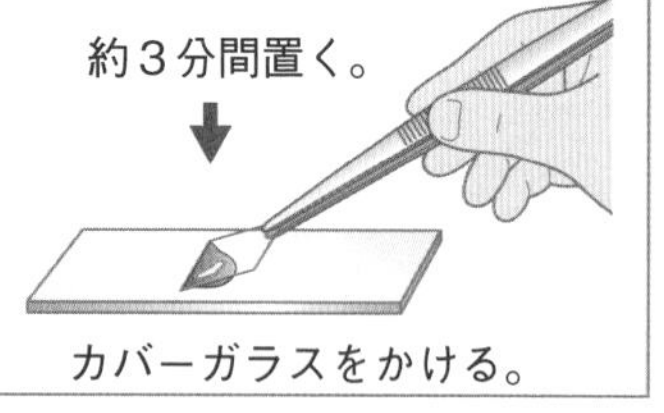

カバーガラスをかける。

❹タマネギの根をつぶす

ろ紙を上にのせ，上からゆっくりと指でおして，タマネギの根をつぶす。

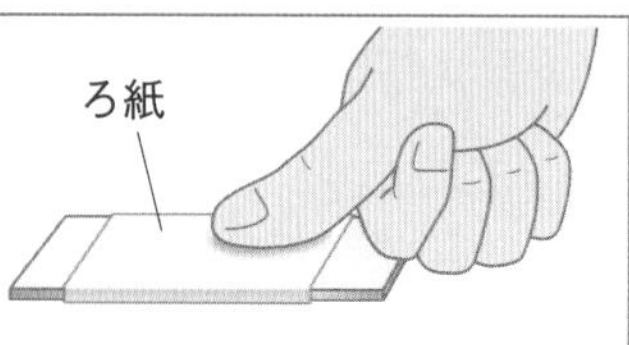

ろ紙の上から指でおす。

覚えると得

成長点
根の先端に近いところで，細胞分裂がとくにさかんな部分。

根冠
根の先端にあって，成長点を保護している。

ミスに注意

酢酸カーミン液，酢酸オルセイン液
細胞の核や核の中にある染色体を染色し，観察しやすくするために用いる。

基本チェック

左の「学習の要点」を見て答えましょう。

学習日　　月　　日

3 細胞分裂の観察について，次の文の〔　　〕にあてはまることばを書きなさい。

チェック P.8 ❷①

- 細胞分裂のさまざまな段階を観察するためには，〔①　　　　　　〕が活発に行われ，よく〔②　　　　　　〕している部分を観察するとよい。
- タマネギの場合，根の〔③　　　　　　〕近くはよく成長しているが，それ以外の部分はあまり成長していない。
- 植物の根で細胞分裂がとくにさかんな部分を〔④　　　　　　〕という。また，根の最も先端は〔⑤　　　　　　〕とよばれ，④を保護している。

4 細胞分裂の観察をするときのプレパラートのつくり方について，次の〔　　〕にあてはまることばを書きなさい。

チェック P.8 ❷②

❶細胞を１つ１つ〔①　　　　　　〕やすくするため，観察するタマネギの根の先端部分を，あたためたうすい〔②　　　　　　〕に入れる。

約60℃の湯
うすい塩酸（３％）
タマネギの根の先端

❷②からとり出して水に入れ，軽くすすいでからスライドガラスにのせ，柄つき針で軽くつぶす。

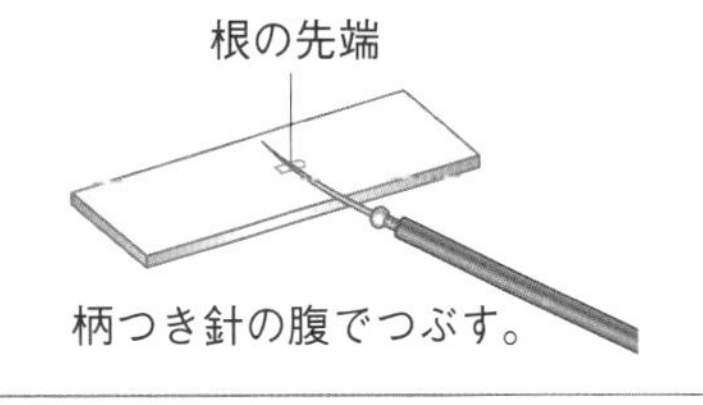

❸〔③　　　　　　〕，または〔④　　　　　　〕などの染色液をたらしてしばらくおいてから，カバーガラスをかける。

❹ろ紙を上にのせ，上からゆっくりと指でおして，タマネギの根をつぶす。

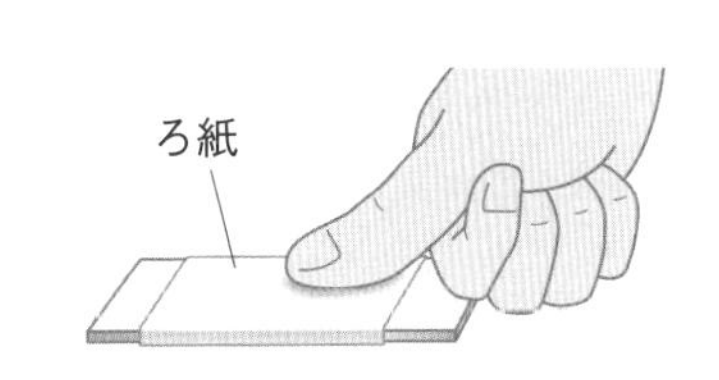

基本ドリル

1章 細胞分裂

1 細胞分裂について，次の問いに答えなさい。 チェック P.6 1 (各10点×6 60点)

(1) 右のA～Fは，細胞分裂のいろいろな段階の植物の細胞である。Aをはじまりとして，細胞分裂の進む順に，B～Fの記号を書きなさい。

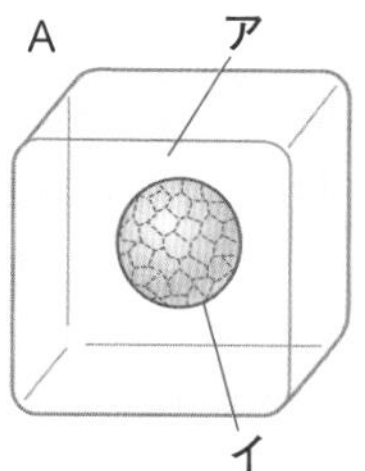

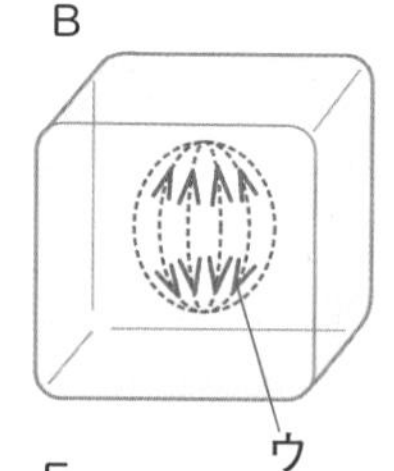

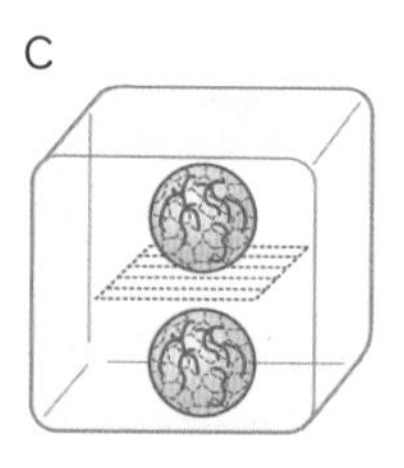

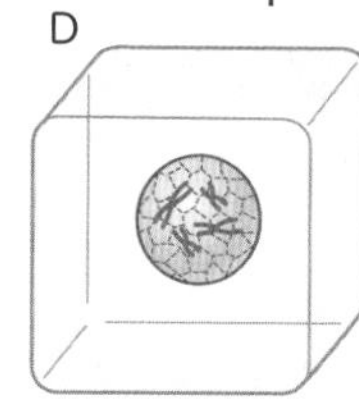

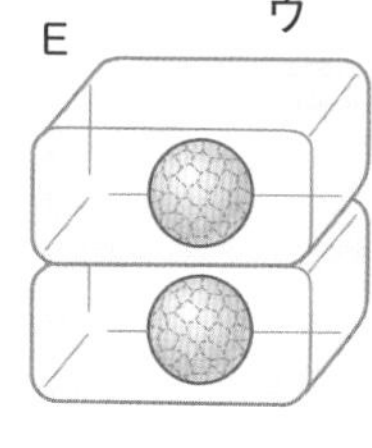

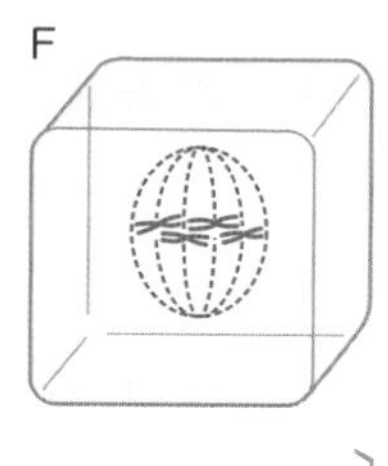

〔A →　　　→　　　→　　　→　　　→　　　〕

(2) 図のア，イは何か。それぞれの名称を，下の｛　｝の中から選んで書きなさい。

ア〔　　　　　〕　イ〔　　　　　〕

｛ 染色体　細胞質　核　胚 ｝

(3) 図のウのひものようなものを何というか。〔　　　　　〕

(4) 右のG～Jは，細胞分裂のいろいろな段階の動物の細胞である。Gをはじまりとして，細胞分裂の進む順に，H～Jの記号を書きなさい。

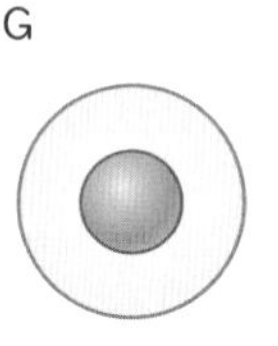

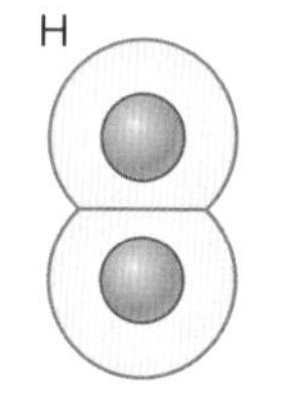

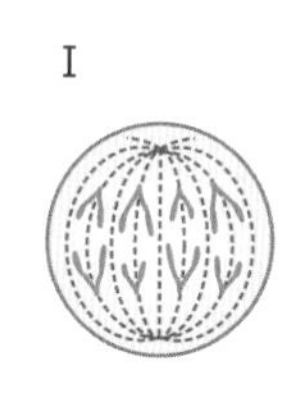

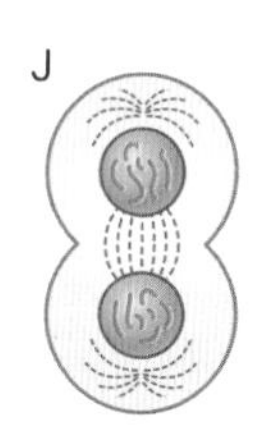

〔G →　　　→　　　→　　　〕

(5) 植物の細胞分裂と動物の細胞分裂の順序はほぼ同じだが，途中で異なっている部分もある。植物と動物の細胞分裂で異なっていることを，次のア～エから選び，記号で答えなさい。〔　　　〕

ア　核が見えなくなるかどうか。

イ　染色体が現れるかどうか。

ウ　細胞質に仕切りができるかどうか。

エ　染色体が分かれるかどうか。

学習日　　月　　日　得点　　点

2 生物の成長と細胞分裂について，次の問いに答えなさい。

チェック P.6 ①（各５点×２　10点）

(1) 細胞分裂後の細胞について正しく述べたものを，次のア～ウから選び，記号で答えなさい。〔　　〕

ア　それ以上，大きくならない。　イ　もとの細胞と同じくらいまで大きくなる。

ウ　もとの細胞より小さくなる。

(2) 生物はどのように成長するか。次のア～エから選び，記号で答えなさい。〔　　〕

ア　細胞分裂によって細胞の数がふえることによってのみ成長する。

イ　１つ１つの細胞が大きくなることによってのみ成長する。

ウ　細胞分裂によって細胞の数がふえると同時に，１つ１つの細胞が大きくなることによって成長する。

エ　細胞分裂や細胞が大きくなることは，生物の成長には関係していない。

3 細胞分裂の観察について，次の問いに答えなさい。

チェック P.8 ②（各10点×３　30点）

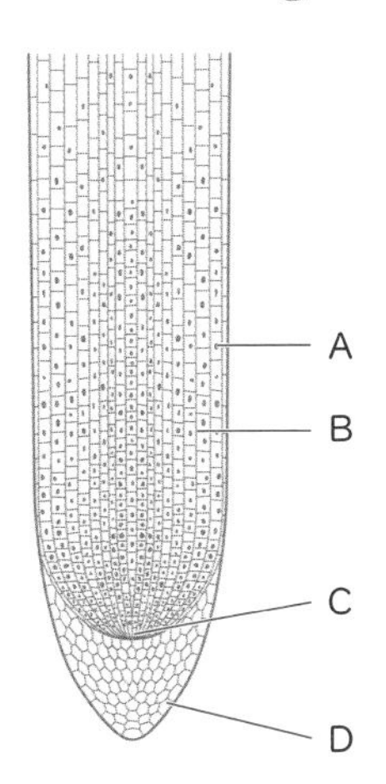

(1) 右の図は，タマネギの根の断面である。細胞分裂のようすを観察するのに適している成長点はどこか。図のＡ～Ｄから選び，記号で答えなさい。〔　　〕

(2) 成長点が細胞分裂の観察に適しているのはどうしてか。その理由として最も適当なものを，次のア～エから選び，記号で答えなさい。〔　　〕

ア　成長した部分が多いから。　イ　細胞分裂が活発だから。

ウ　細胞がじょうぶだから。

エ　細胞分裂の初期の段階の細胞が集まっているから。

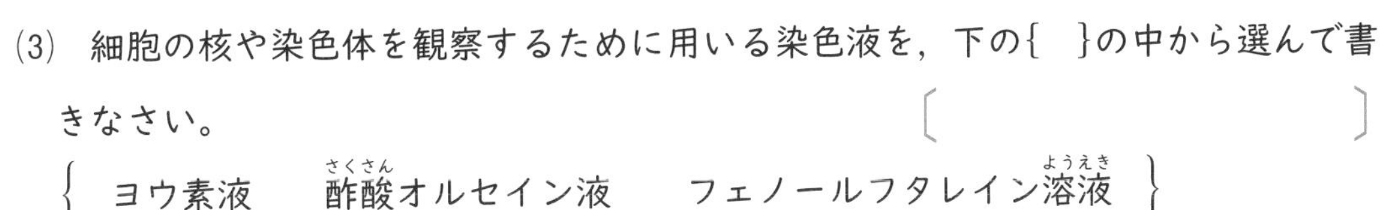

(3) 細胞の核や染色体を観察するために用いる染色液を，下の｛　｝の中から選んで書きなさい。〔　　〕

｛ ヨウ素液　酢酸（さくさん）オルセイン液　フェノールフタレイン溶液（ようえき） ｝

1章 細胞分裂

1 下の①〜⑥の図は，植物の細胞分裂の順序を示したものである。次の問いに答えなさい。
(各7点×6 42点)

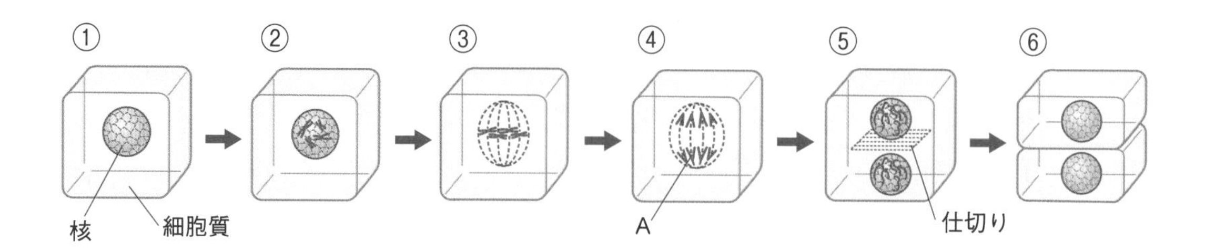

(1) 細胞分裂のようすを観察するために用いる染色液の名称を，2つ書きなさい。
〔　　　　　　　　　　〕

(2) 染色液によく染まる部分は，図の①の核と細胞質のどちらか。〔　　　　〕

(3) 図の②で，核の中に現れたひものようなものを何というか。〔　　　　〕

(4) (3)のものは，分裂前に複製されて数が何倍になるか。〔　　　　〕

(5) 図の④のAは何か。〔　　　　〕

(6) 図の⑥の後，細胞の大きさはどうなるか。〔　　　　〕

2 下のA〜Dは，動物の細胞分裂を表した図で，動物の細胞分裂の順序は，植物の細胞分裂とほぼ同じである。次の問いに答えなさい。
((1)各5点×2，(2)6点 16点)

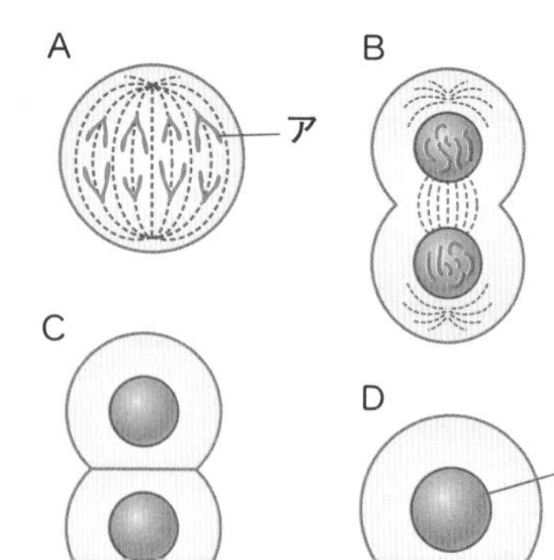

(1) 右の図のア，イは何か。それぞれ書きなさい。
ア〔　　　　〕 イ〔　　　　〕

(2) 動物の細胞分裂がはじまる順に，A〜Dの記号を並べなさい。〔　→　→　→　〕

1 (4)分裂前に2倍にふえ，分裂によって2つに等分されるので，1つの細胞内にある数は常に同じである。

2 (2)Dが細胞分裂して，新しい2個の細胞になる。

学習日 月 日 得点 点

3 右の図１のように，ソラマメの種子が発芽して２～３cmのびた根に，先端(せんたん)から等間隔(とうかんかく)に印をつけ，成長のようすを調べた。次の問いに答えなさい。

（各７点×６ 42点）

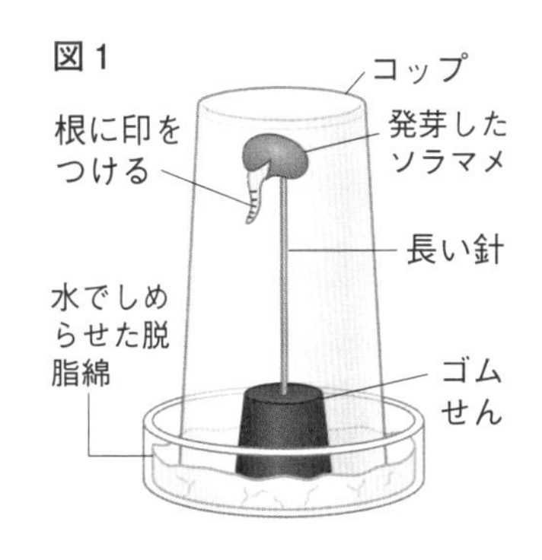

(1) **図２**は，３日間の根の成長のようすを記録したものである。さかんにのびるのは，根のつけ根，根の中ほど，根の先端部分のどこか。〔　　　〕

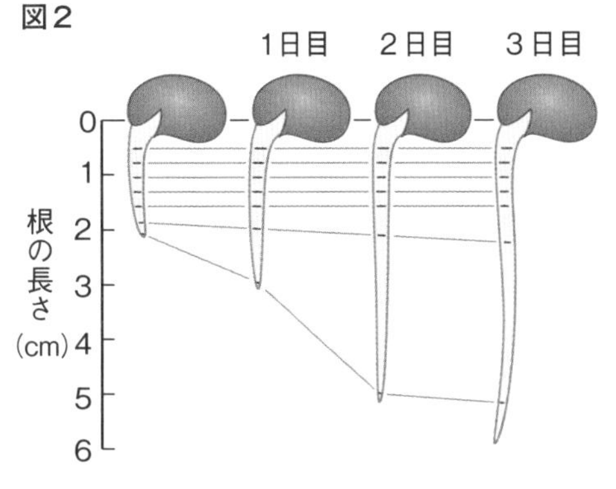

(2) **図３**は，根の先端部分の細胞のようすを，顕微鏡(けんびきょう)で観察し，スケッチしたものである。根の先にいくほど細胞の大きさはどうなっているか。

〔　　　〕

(3) 細胞は一定の大きさまで大きくなる。**図３**のAの細胞が成長した大きさだとすると，Bの細胞の大きさは，この後どうなるか。

〔　　　〕

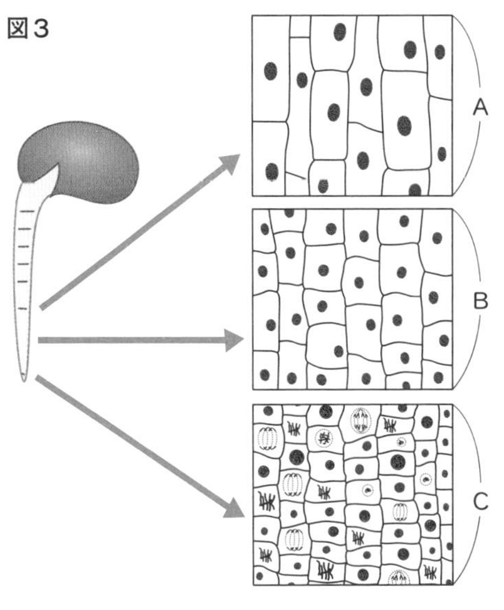

(4) **図３**のCの部分は，細胞が分裂して，数がふえているところである。細胞が分裂するとは，１個の細胞が何個の細胞に分かれることか。〔　　　〕

(5) (4)のことを何というか。

〔　　　〕

(6) 植物において，Cのような部分を何というか。〔　　　〕

得点UPコーチ

3 (2)～(5)細胞分裂すると，１つの細胞が２つに分かれるので，できた細胞は小さい。それがC→B→Aと根もとにいくにつれて，細胞が大きくなっている。

(6)細胞分裂が活発な部分を成長点という。

発展ドリル

単元1 生物のふえ方

1章 細胞分裂

1 次の図は，細胞分裂中の細胞のようすを模式的に示したものである。次の問いに答えなさい。 (各6点×4 24点)

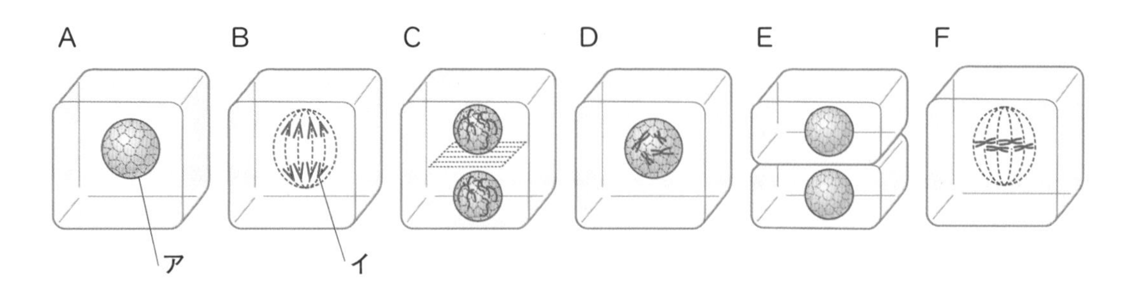

(1) この細胞分裂は，動物と植物のどちらの細胞のようすか。〔　　　〕

(2) 図のア，イは何か。それぞれ書きなさい。 ア〔　　　〕 イ〔　　　〕

(3) 細胞分裂がはじまる順に，A～Fの記号を並べなさい。

2 図1は，根の先端部分の拡大図で，図2は，A～Dの一部に見られた細胞のようすを示している。次の問いに答えなさい。 (各6点×4 24点)

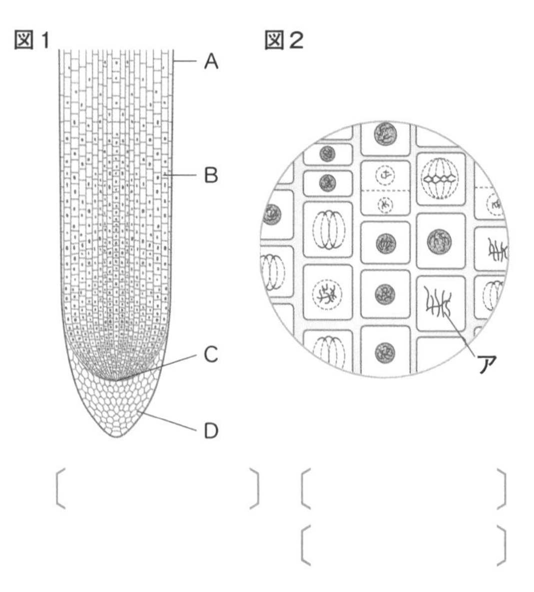

(1) 図2はA～Dのどの部分に見られた細胞のようすか。〔　　　〕

(2) 酢酸カーミン液を用いて染色したとき，よく染まる部分は何か。2つ書きなさい。〔　　　〕〔　　　〕

(3) 図2のアは何か。名称を書きなさい。〔　　　〕

1 (1)細胞分裂中に仕切りができている。
(2)アが変化して，イが現れてくることから考える。

2 (1)Dの部分は根の成長点を守る根冠とよばれる部分である。

学習日　　月　　日　得点　　点

3 生物の成長のしくみについて，次の問いに答えなさい。（各９点×４　36点）

(1)　生物が成長するときの細胞分裂（体細胞分裂）では，分裂後の染色体の数は，もとの細胞と同じかちがうか。〔　　　　〕

(2)　(1)のようになるのは，分裂前に染色体がどうなるからか。

〔　　　　〕

(3)　右の図は，植物（生物）の成長のしくみを示したものである。生物は，図の①，②の➡にあてはまることによって成長していく。①，②はどんなことを示しているか。□からあてはまることばを選んで書きなさい。

①〔　　　　〕

②〔　　　　〕

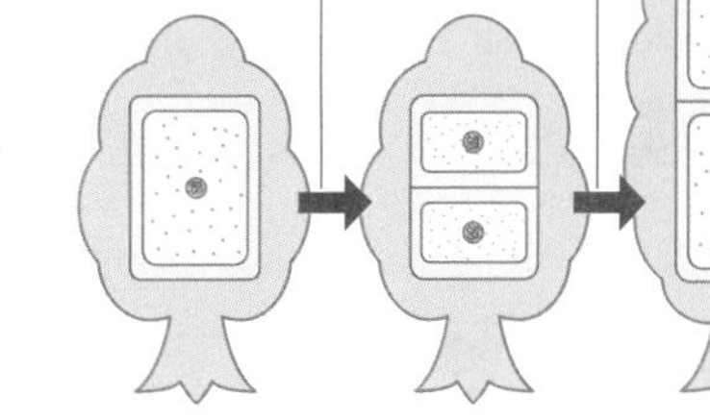

細胞分裂で数がふえる。　細胞分裂で数がへる。

１つ１つの細胞が大きくなる。　１つ１つの細胞が小さくなる。

4 右の図は，ある細胞を顕微鏡（けんびきょう）で観察したものである。次の問いに答えなさい。（各８点×２　16点）

(1)　観察した細胞には細胞壁（さいぼうへき）が見られた。この細胞は，下の｛　｝の中のうち，どちらのものか。〔　　　　〕

｛ タマネギの根　　ヒトのほおの内側 ｝

(2)　観察する前に，あたためたうすい塩酸に入れた。これは何のためか。

〔　　　　〕

3 (2)分裂前に染色体の数は２倍になる。
(3)細胞分裂後の細胞が大きくなることによって，生物は成長する。

4 (2)細胞を１つ１つはなしたほうが，観察しやすい。

2章 生物の生殖 -1

1 無性生殖

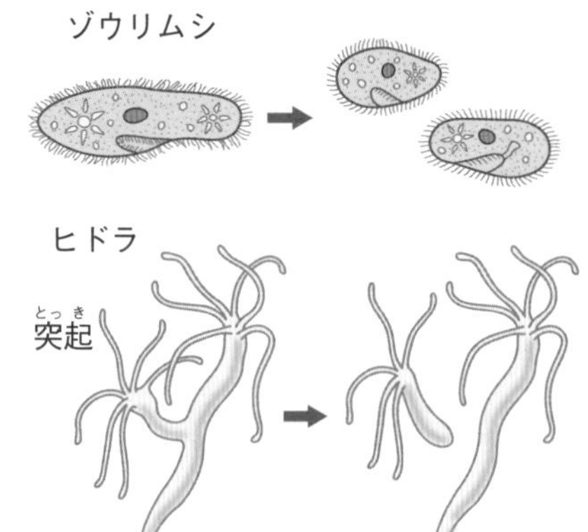

① **無性生殖** 受精を行わずに子をつくる生殖。体細胞分裂や，親のからだの一部が分かれて新しい個体ができる。特に，植物の根・茎・葉の一部から新しい個体をつくる無性生殖を，栄養生殖という。
アメーバ，ゾウリムシなど。

② **無性生殖と形質** 子は親と同じ形質となる。

✦覚えると得✦

生殖
生物が子（新しい個体）をつくること。

栄養生殖の例
いも，さし木，とり木など。

形質
生物がもつ形や性質の特徴。

2 動物の有性生殖

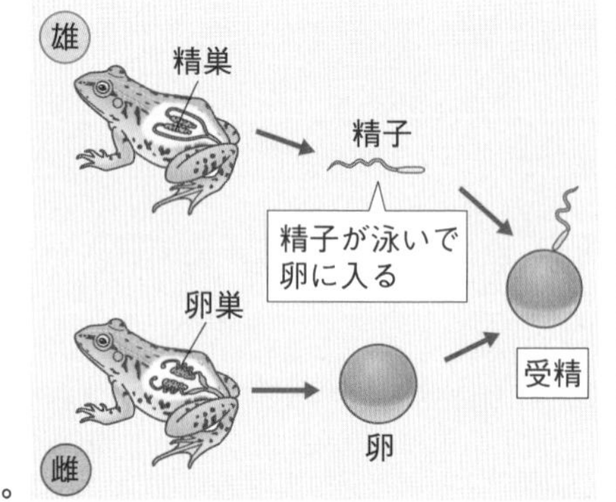

① **有性生殖** 雄と雌がかかわって子孫を残す生殖のこと。

② **雌と雄の生殖細胞**
- **雌**…卵巣で卵をつくる。
- **雄**…精巣で精子をつくる。

③ **受精** 雌の卵の核と，雄の精子の核が合体すること。受精でできた新しい細胞を受精卵といい，受精卵は細胞分裂して胚になる。

④ **受精卵の変化**（カエル）

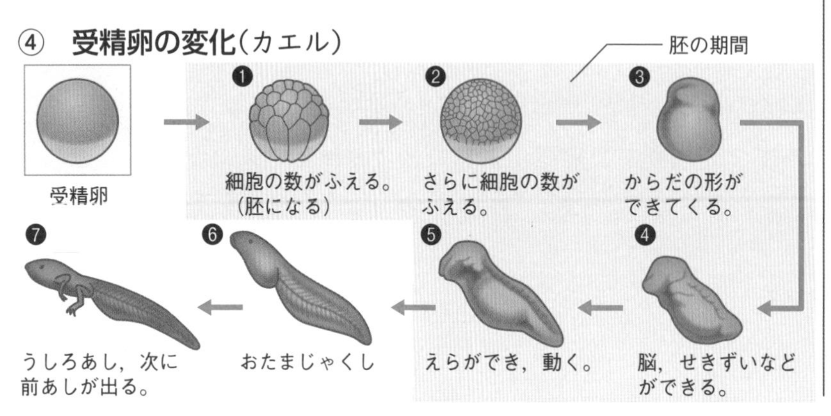

胚
受精卵が細胞分裂をくり返したもの。将来，植物や動物のからだになるつくりを備えている。

発生
受精卵が個体になるまでの過程を発生という。発生の過程は，受精卵→細胞分裂→胚の形成→さらに細胞分裂→からだをつくる となる。

動物での胚
受精卵の細胞分裂開始から，自分で食物をとり始める前までのこと。

左の「学習の要点」を見て答えましょう。

学習日 月 日

① ゾウリムシやヒドラなどのなかまのふやし方について，次の文の〔 〕にあてはまることばを書きなさい。 チェック P.16 ❶

- 生物が子(新しい個体)をつくることを，〔① 〕という。
- ゾウリムシやヒドラのように，受精によらない生殖を，〔② 〕という。②には，次のようにいくつかの種類がある。
  - ▶〔③ 〕…からだが２つに分かれてふえる。
  - ▶〔④ 〕…植物の根・茎・葉の一部から新しい個体をつくる。いも，さし木，とり木など。
- 無性生殖でできた子の形質は，親の形質と〔⑤ 〕になる。

② カエルなどの生殖について，次の問いに答えなさい。 チェック P.16 ❷

(1) 次の文の〔 〕にあてはまることばを書きなさい。

- カエルの生殖のように，雌と雄がかかわって子孫を残す生殖を〔① 〕という。
- 雌の生殖細胞は〔② 〕といい，〔③ 〕でつくられる。
- 雄の生殖細胞は〔④ 〕といい，〔⑤ 〕でつくられる。
- 雌の生殖細胞の核と，雄の生殖細胞の核が合体することを，〔⑥ 〕といい，〔⑦ 〕ができる。
- 受精卵から個体としてのからだがつくられていく過程を，〔⑧ 〕という。

(2) 右の図の〔 〕にあてはまることばを書きなさい。

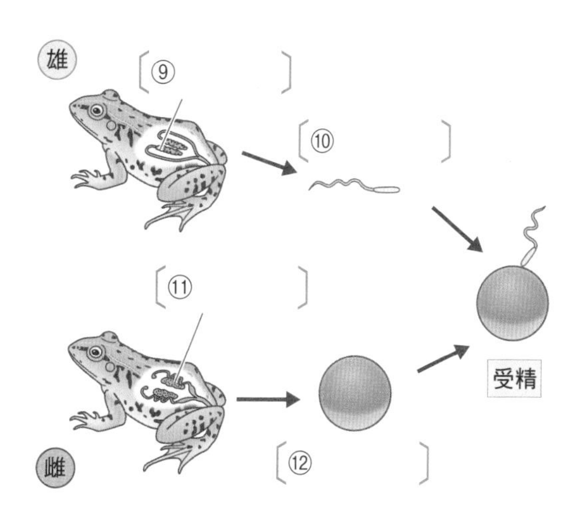

2章 生物の生殖 -2

3 植物の有性生殖

① 被子植物の受精と発生

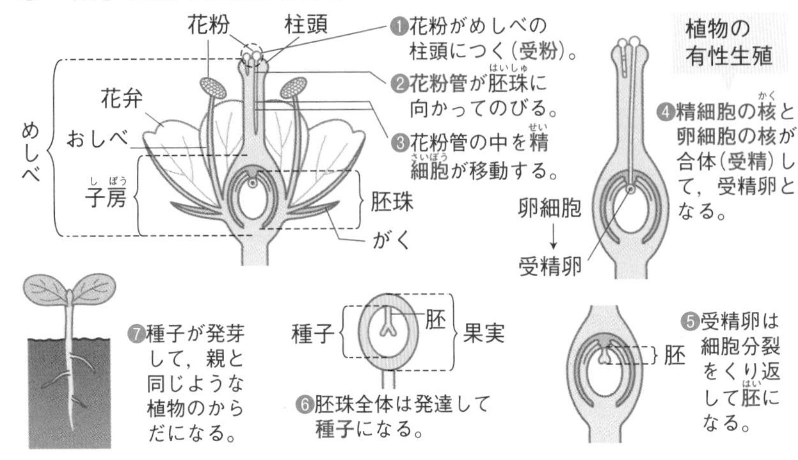

- **精細胞**…花粉の中の雄の生殖細胞。
- **卵細胞**…胚珠の中の雌の生殖細胞。

② **有性生殖と形質** 子は親からそれぞれの染色体を受けつぐので,組み合わせにより,親と子の形質が異なることがある。

4 減数分裂

① **減数分裂** 生殖細胞がつくられるとき,染色体の数が分裂前の細胞の半分になる特別な細胞分裂。

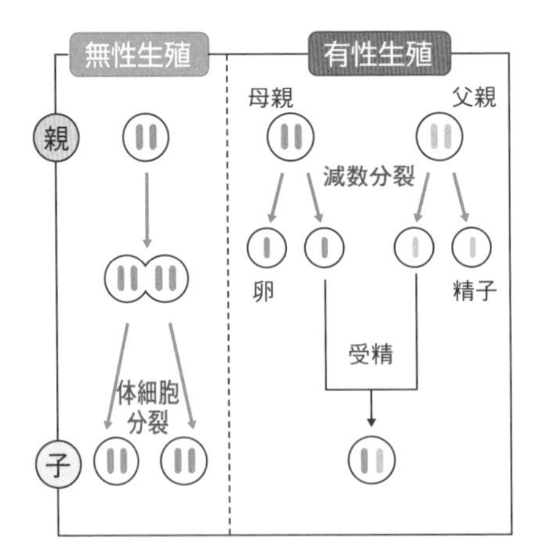

- **受精卵の染色体の数**…受精のとき,卵と精子(植物の卵細胞と精細胞)の核が合体するが,それぞれがもっている染色体の数は,減数分裂前の半分であるため,できる受精卵がもつ染色体の数は,減数分裂前の細胞と同じ(親と同じ)になる。

ミスに注意

受粉と受精

花粉がめしべの柱頭につくことを受粉,花粉管がのびて胚珠に達し,精細胞の核と卵細胞の核が合体することを受精という。受粉の後,受精が行われる。

覚えると得

体細胞分裂と減数分裂

体細胞分裂では,染色体が2倍になった後,2つに等分される。

減数分裂では,染色体が半分ずつになって,2つに分かれる。

左の「学習の要点」を見て答えましょう。

学習日 月 日

3 植物の有性生殖について，次の文の〔　〕にあてはまることばを書きなさい。

チェック P.18 3

- 被子植物の受精は，次のように進む。

❶花粉がめしべの柱頭につく(〔①　　　　〕)。

❷花粉から細長い〔②　　　　〕が，子房の中の〔③　　　　〕に向かってのびる。

❸花粉管の中を〔④　　　　〕が移動する。

❹精細胞の核と，胚珠の中の〔⑤　　　　〕の核が合体(受精)し，受精卵になる。

- 被子植物の受精卵は，次のように成長する。

❶受精卵が細胞分裂をくり返して，〔⑥　　　　〕になる。

❷胚をふくむ胚珠全体は〔⑦　　　　〕になる。胚珠をつつむ子房は〔⑧　　　　〕となる。

4 生殖細胞がつくられるときの細胞分裂について，次の文の〔　〕にあてはまることばを書きなさい。

チェック P.18 4

- 生殖細胞がつくられるとき，染色体の数が分裂前の細胞の〔①　　　　〕になる特別な細胞分裂が起こる。この細胞分裂を〔②　　　　〕という。
- 受精では，②によってできた生殖細胞どうしの核が合体するため，できる受精卵がもつ染色体の数は，②の前の細胞と〔③　　　　〕になる。

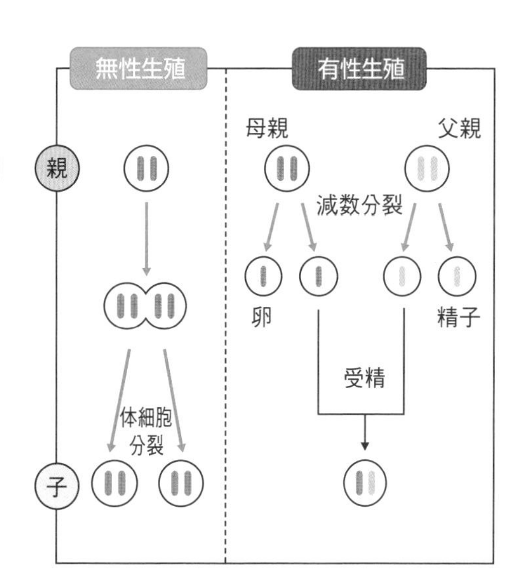

基本ドリル

2章 生物の生殖

1 下の図は，受粉から芽ばえまでの過程をまとめたものである。これについて，次の問いに答えなさい。

チェック P.18 ③（各５点×12 60点）

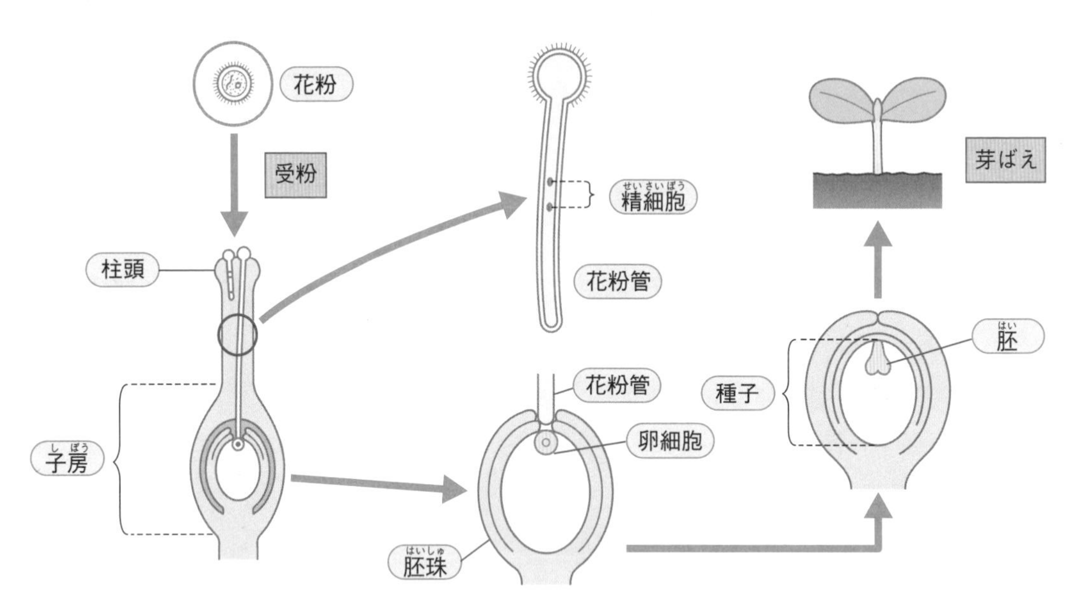

(1) おしべの花粉がめしべの柱頭につくことを何というか。［　　　］

(2) 柱頭についた花粉は，何という管をのばすか。［　　　］

(3) (2)の管は，めしべにある何に向かってのびていくか。

［　　　］

(4) (2)の管を通って移動するものは何か。［　　　］

(5) (3)の中の卵細胞の核と(4)の核が合体することを何というか。

［　　　］

(6) 受精卵は細胞分裂をくり返して何になるか。［　　　］

(7) 次の文の［　］にあてはまることばを書きなさい。

植物の［①　　　］生殖では，卵細胞の核と，［②　　　］の核が合体して，卵細胞が［③　　　］になる。このことを［④　　　］という。③は［⑤　　　］をくり返して胚になる。

胚をふくむ胚珠全体が［⑥　　　］になる。受精してから親と同じようなからだに成長するまでの過程を発生という。

学習日 月 日 得点 点

2 雄(おす)と雌(めす)の関係によらない生殖について，次の問いに答えなさい。

チェック P.16 ❶(各6点×2 12点)

⑴ ゾウリムシ，アメーバは，単細胞生物か，多細胞生物か。 〔　　　〕

⑵ 右の図のように，ゾウリムシやアメーバは，受精することなく，親のからだが2つに分かれて新しい個体をつくる。このふやし方を何というか。下の{　}の中から選んで書きなさい。

{ 有性生殖　栄養生殖　無性生殖 }

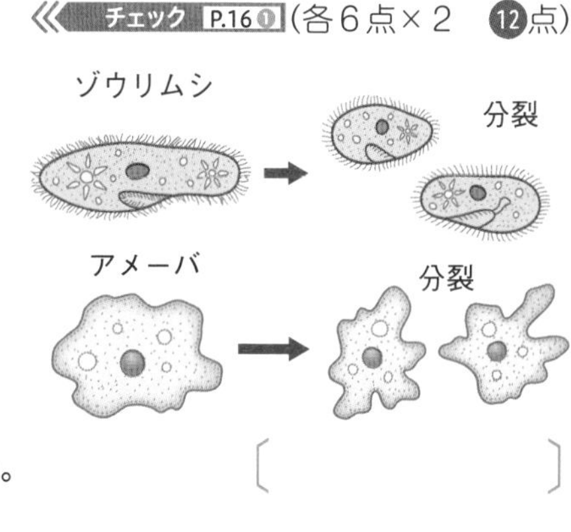

〔　　　〕

3 右の図は，生殖細胞のでき方と，受精について表したものである。次の問いに答えなさい。

チェック P.18 ❹(各6点×3 18点)

⑴ 染色体の数が半分になる分裂を何というか。下の{　}の中から選んで書きなさい。

〔　　　〕

{ 減数分裂　体細胞分裂 }

⑵ 生物がもつ形や性質などの特徴(とくちょう)を何というか。

〔　　　〕

⑶ 受精卵によってできた子の細胞は，片方の親，両方の親のどちらの形質を受けついでいるといえるか。 〔　　　〕

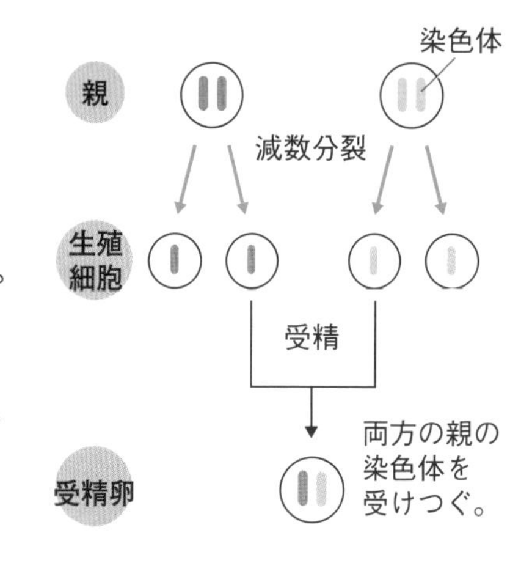

4 次の問いに答えなさい。

チェック P.16 ❶(各5点×2 10点)

⑴ 農業や園芸では，種子をまくのではなく，さし木やとり木でふやす方法がある。このような植物のふえ方を，特に何というか。 〔　　　〕

⑵ さし木やとり木でふやしたとき，成長した植物は，親と同じ特徴をもつか。

〔　　　〕

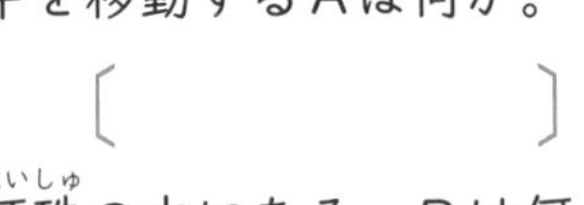

2章 生物の生殖

1 植物の有性生殖について，次の問いに答えなさい。 (各6点×4 24点)

(1) 花粉が柱頭につくと，花粉管をのばす。この花粉管の中を移動するAは何か。

〔　　　　　〕

(2) 胚珠の中にある，Bは何か。

〔　　　　　〕

(3) Aの核とBの核が合体することを何というか。

〔　　　　　〕

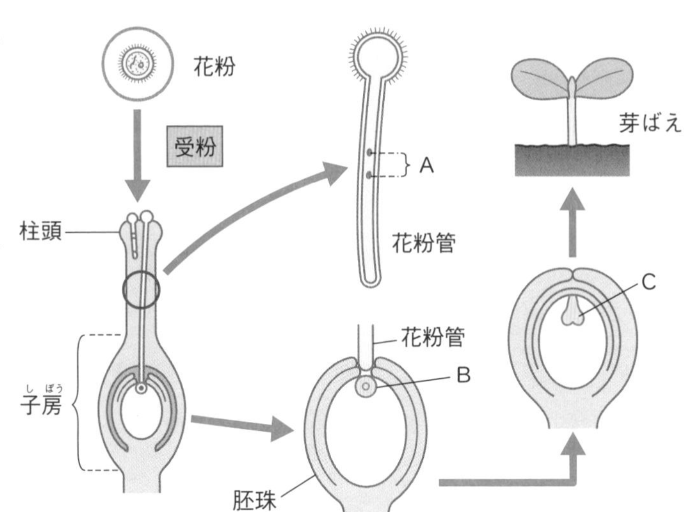

(4) Bは，受精卵となり細胞分裂をくり返してCになる。Cは何か。

〔　　　　　〕

2 生物が新しい個体をつくることを生殖という。動物の生殖について，次の問いに答えなさい。 (各7点×4 28点)

(1) 雄のからだには精巣がある。精巣で何がつくられるか。 〔　　　　　〕

(2) 雌のからだには卵巣がある。卵巣で何がつくられるか。 〔　　　　　〕

(3) (1)の核と(2)の核が合体することを何というか。

〔　　　　　〕

(4) (3)の結果，何ができるか。 〔　　　　　〕

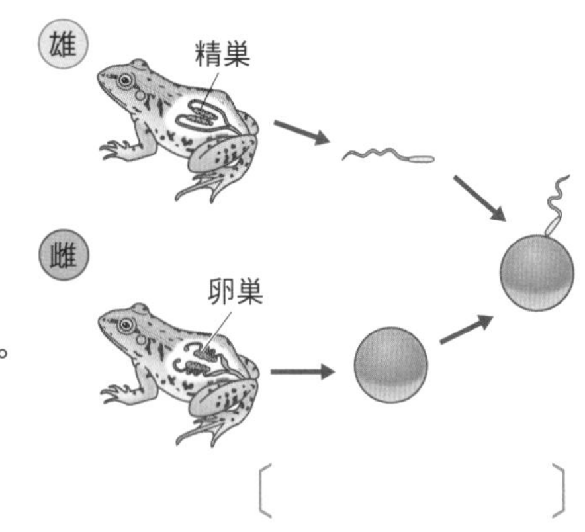

1 (3)精細胞の核と卵細胞の核が受精して，受精卵ができる。
(4)胚をふくむ胚珠全体が種子になる。

2 雄の精子と雌の卵が受精して，受精卵ができる。

学習日　　月　日　得点　　点

3 右の図は，カエルの受精卵が変化していくようすを示したものである。次の問いに，下の｛　｝の中から選んで書きなさい。

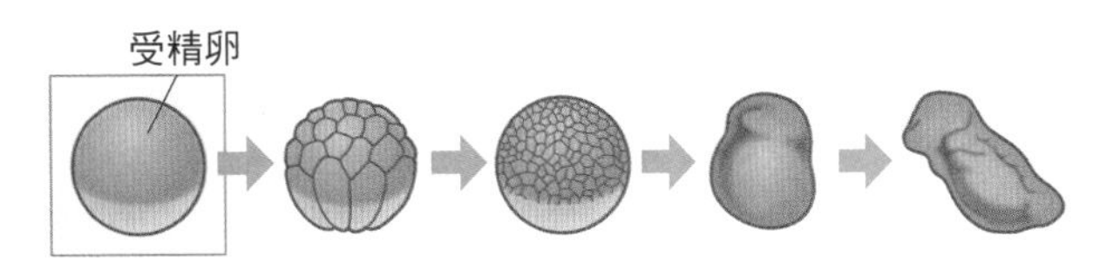

（各6点×2　12点）

(1) 受精卵は1個の細胞であるが，どのようにして細胞の数をふやしていくか。
〔　　　　　　　　〕

(2) 受精卵から，個体としてのからだのつくりが完成していく過程を何というか。
〔　　　　　　　　〕

｛ 受精して　細胞分裂をくり返して　発芽　発生　生殖 ｝

4 生物のふえ方について，次の問いに答えなさい。

（各6点×6　36点）

(1) ゾウリムシは，単細胞生物，多細胞生物のどちらか。〔　　　　〕

(2) ゾウリムシは，どのようにして新しい個体をつくるか。〔　　　　〕

(3) ゾウリムシのような生殖を何というか。〔　　　　〕

(4) カエルのように，受精することによって新しい個体をつくり，子孫を残す生殖を何というか。〔　　　　〕

(5) (3)と(4)にあてはまるものを，次のア～オからすべて選び，それぞれ記号で答えなさい。
(3)〔　　　　〕　(4)〔　　　　〕

ア　ジャガイモのいもから，新しい個体ができる。

イ　アブラナが種子をつくり，新しい個体をふやす。

ウ　オランダイチゴの茎（くき）から，新しい個体ができる。

エ　メダカが卵をうみ，個体をふやす。

オ　ヒドラのからだの一部から，個体ができる。

得点UPコーチ

3 (1)生物の成長は，何によって行われているかを考える。
(2)受精卵が胚になり，親と同じようなからだに成長するまでの過程を発生という。発芽は，植物の芽ばえである。

2章 生物の生殖

1 下の図は，カエルの受精卵が育つようすを示したものである。これについて，次の問いに答えなさい。 (各10点×6 60点)

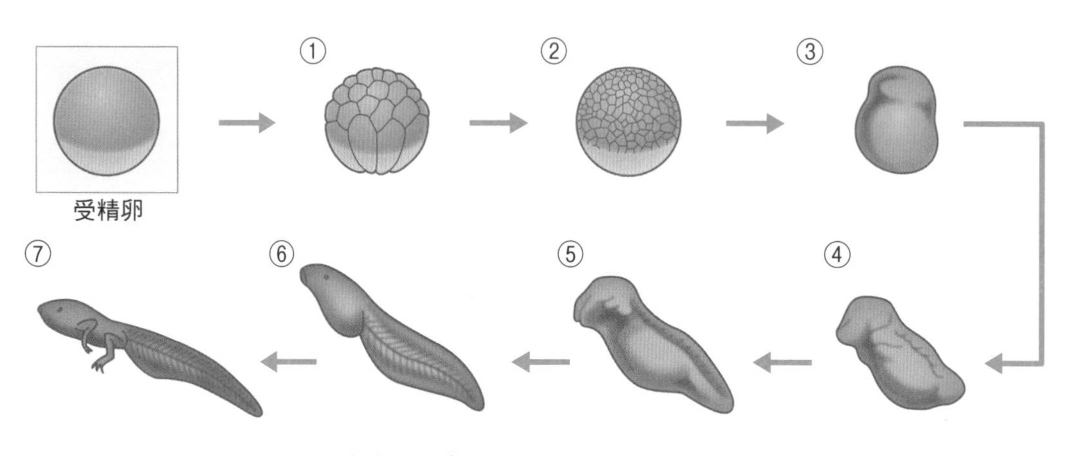

(1) 受精卵は，何と何の核が合体するとできるか。
〔　　　　　　〕

(2) 受精卵は，何をくり返して細胞の数をふやしていくか。 〔　　　　　　〕

(3) 最も細胞の数が多くなっているのは，①～⑦のどの段階と考えられるか。
〔　　　　　　〕

(4) 受精卵が細胞分裂し始めてから，自分でえさをとり始める前までを胚という。上の①～⑦の段階のうち，どの段階からどの段階までの時期を胚とよべるか。番号で答えなさい。 〔　　　から　　　〕

(5) このように，受精卵が個体になるまでの過程を何というか。
〔　　　　　　〕

(6) 雄と雌がかかわって子孫を残す生殖を何というか。 〔　　　　　　〕

1 (1)雄と雌の，それぞれの生殖細胞の核の合体である。
(4)植物でいう「胚」と同じ意味である。
(6)受精によって子をつくる生殖である。

学習日　　月　　日　得点　　点

2 下の図は，無性生殖と有性生殖での染色体のようすを示したものである。次の問いに答えなさい。　((6)10点，他各６点×５　40点)

(1) 無性生殖では，体細胞分裂などでふえる。分裂した後，染色体の数は親と変わるか，変わらないか。〔　　　　〕

(2) 無性生殖によってふえたとき，新しい個体の形質は，もとの個体と比べてどうなるか。〔　　　　〕

(3) 有性生殖では，卵や精子などの生殖細胞ができるとき，何という分裂をするか。図中のXにあてはまる分裂の名称(めいしょう)を答えなさい。〔　　　　〕

(4) 生殖細胞の染色体の数は，親の体細胞の染色体の数と比べてどうなるか。下の{　}の中から選んで書きなさい。〔　　　　〕

{ 半分になる。　　同じ。　　２倍になる。 }

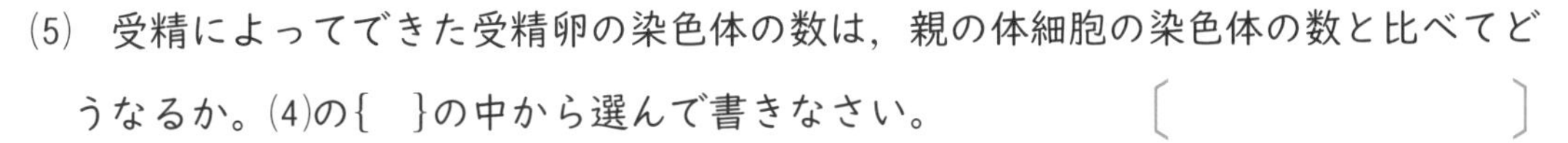

(5) 受精によってできた受精卵の染色体の数は，親の体細胞の染色体の数と比べてどうなるか。(4)の{　}の中から選んで書きなさい。〔　　　　〕

(6) 有性生殖によってできた子の特徴(とくちょう)は，受けついだ染色体の組み合わせによって決まる。これについて正しく説明したものを，次のア～エからすべて選び，記号で答えなさい。〔　　　　〕

ア　子は一方の親の染色体だけを受けつぐ。

イ　子は両方の親の染色体を受けつぐ。

ウ　子はどちらか一方の親とまったく同じ特徴をもつ。

エ　子は両方の親とちがう特徴をもつ場合もある。

2 (1)無性生殖では，減数分裂は行われない。 (3)，(4)生殖細胞ができるとき，減数分裂が行われ，染色体の数は半分になる。 (6)無性生殖では，形質はまったく同じになるが，有性生殖では，親とは異なる形質が現れることがある。

学習の要点

3章 生命の連続性 -1

❶ 形質と遺伝

① **形質**　生物のからだの特徴となる形や性質のこと。

●同じ植物でも，花が白い，種子の形が丸い，背が高いなど。

② **遺伝**　親の形質が子や孫に受けつがれていくこと。

③ **遺伝子**　親の形質のもとになるもの。細胞の核内の染色体にある。

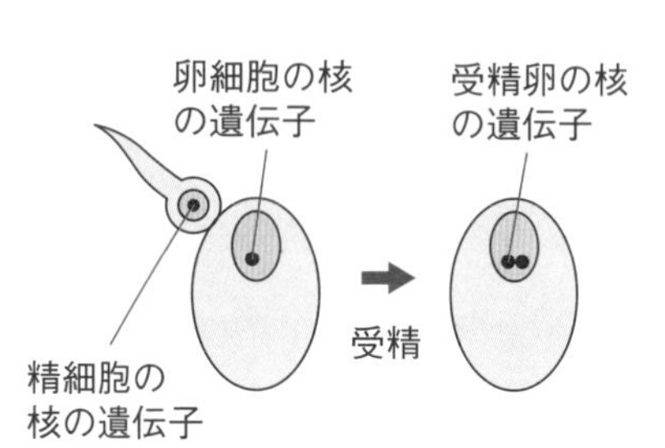

④ **対立形質**　種子の形の「丸」と「しわ」のように，ある１つの形質について，同時に現れない形質が２つ存在するとき，これらの形質を**対立形質**という。

⑤ **形質の現れ方**　対立形質の純系の親どうしをかけ合わせたとき，子に現れる形質を**顕性形質**，子に現れない形質を**潜性形質**という。

●エンドウの種子の子葉が黄色の親と緑色の親をかけ合わせると，できた種子の子葉はすべて黄色である。この場合，黄色が顕性形質，緑色が潜性形質である。

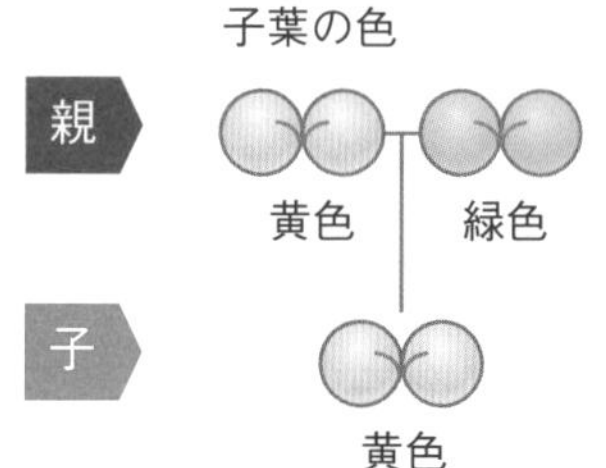

	種子の形	子葉の色	さやの形	さやの色
親	丸　しわ	黄色　緑色	ふくれ　くびれ	緑色　黄色
子	すべて丸 ↑ 顕性形質	すべて黄色 ↑ 顕性形質	すべてふくれ ↑ 顕性形質	すべて緑色 ↑ 顕性形質

✦覚えると得✦

クローン
無性生殖における親と子のように，すべて同じ遺伝子をもつまったく同じ形質の個体の集団。

純系
親，子，孫と代を重ねても，その形質がすべて親と同じである場合，純系という。

重要 テストに出る
●**遺伝子は，生物の形質を決めるもと**になるもので，細胞の核の中の染色体にふくまれている。

! ミスに注意
顕性形質を優性形質，潜性形質を劣性形質とよぶこともある。優性形質・劣性形質は，その形質が子に現れるか現れないかであって，その形質がすぐれているか，劣っているかではない。

基本チェック

左の「学習の要点」を見て答えましょう。

学習日　　月　　日

1 遺伝による形質の現れ方について，次の〔　〕にあてはまることばを書きなさい。

チェック P.26 1

- 生物のからだの特徴となる形や性質のことを，〔①　　　　〕という。
- 親の形質が子や孫に受けつがれていくことを〔②　　　　〕という。
- 親の形質は，細胞の核内の染色体にある〔③　　　　〕が，受精を通して子に受けつがれる。
- 無性生殖における親と子のように，すべて同じ遺伝子をもつまったく同じ形質の個体の集団を〔④　　　　〕という。
- 親，子，孫と代を重ねても，その形質が親と同じである場合，〔⑤　　　　〕という。
- 種子の形の「丸」と「しわ」のように，ある１つの形質について同時に現れない形質が２つ存在するとき，これらの形質を〔⑥　　　　〕という。
- 対立形質の純系の親どうしをかけ合わせたとき，子に現れる形質を〔⑦　　　　〕という。
- エンドウの種子の子葉が黄色の純系の親と，緑色の純系の親どうしをかけ合わせ，できた種子の子葉がすべて黄色であった場合，〔⑧　　　　〕色が顕性形質，〔⑨　　　　〕色が潜性形質である。

子葉の色
親　黄色　緑色
子　黄色

比較(ひかく)する形質	種子の形	子葉の色	さやの形	さやの色
形質の現れ方	丸　しわ すべて丸	黄色　緑色 すべて黄色	ふくれ　くびれ すべてふくれ	緑色　黄色 すべて緑色
顕性形質	〔⑩　　〕	〔⑪　　〕	〔⑫　　〕	〔⑬　　〕

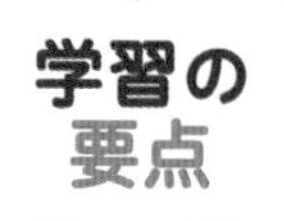

3章 生命の連続性 -2

② 遺伝の規則性

① **純系の親どうしのかけ合わせ** 丸い種子の親(遺伝子AA)としわのある親(遺伝子aa)をかけ合わせると，子は，すべてAaという遺伝子の組み合わせをもつ丸い種子になる。

② **①の子どうしのかけ合わせ** Aaという遺伝子の組み合わせをもつ子どうしをかけ合わせると，孫の代の遺伝子の組み合わせは，右の図のように，AA，Aa，aaの３通りできる。AAとAaの種子は顕性(けんせい)形質である丸い形，aaの種子は潜性(せんせい)形質であるしわの形となり，顕性形質と潜性形質が３：１の割合で現れる。

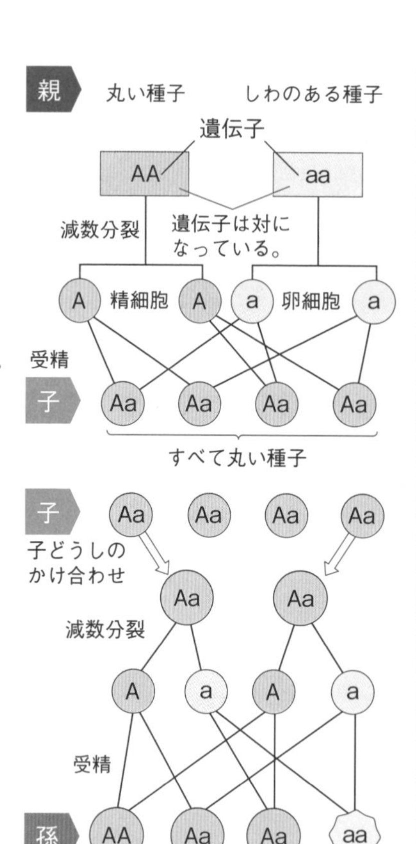

✦覚えると得✦

分離(ぶんり)の法則
減数分裂(ぶんれつ)のとき，対になっている遺伝子が分かれて，別々の生殖細胞(せいしょくさいぼう)に入ること。

メンデルの実験結果
メンデルは緑色と黄色のさやのエンドウをかけ合わせ，その子の緑色のさやどうしをかけ合わせた。孫の数は緑色428個，黄色152個と，ほぼ，３：１の割合になっていた。

③ 遺伝子とDNA(ディーエヌエー)

① **遺伝子** 生物の形質は，細胞の染色体にある遺伝子によって，親から子へ，子から孫へ伝えられる。

- **遺伝子の変化**…遺伝子はまれに変化して，形質が変わることがある。生物の進化は，この変化によって起きると考えられる。

② **DNA(デオキシリボ核酸(かくさん))** 遺伝子の本体。すべての生物はDNAをもち，DNAが伝える情報をもとに形づくられる。

DNAのつくり
DNAは，２本の長いくさりが対になって，二重らせん状の構造である。

左の「学習の要点」を見て答えましょう。

学習日　　月　　日

② 遺伝の規則性について，次の文の〔　〕や図の◯に，あてはまることばや数字，記号を書きなさい。

チェック P.28 ②

- 右の図のように，ともに純系の丸い種子の親(遺伝子AA)と，しわのある種子の親(遺伝子aa)をかけ合わせると，子の代では，対になっていた遺伝子がそれぞれ分かれて，〔①　　〕という遺伝子の組み合わせをもつ種子となり，子は，すべて〔②　　〕種子になる。
- 右の図のように，Aaの遺伝子の組み合わせをもつ子どうしをかけ合わせると，孫の代の遺伝子の組み合わせは，〔⑦　　，　　，　　〕の3通りできる。このうち，潜性形質が現れる遺伝子の組み合わせは〔⑧　　〕なので，孫の代では，顕性形質と潜性形質が〔⑨　　：　　〕の割合で現れる。

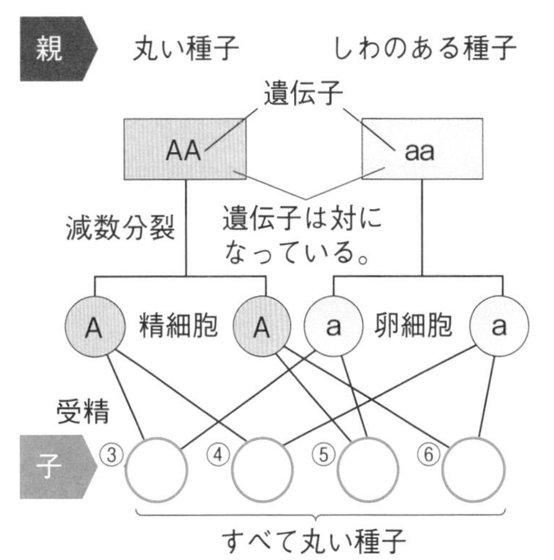

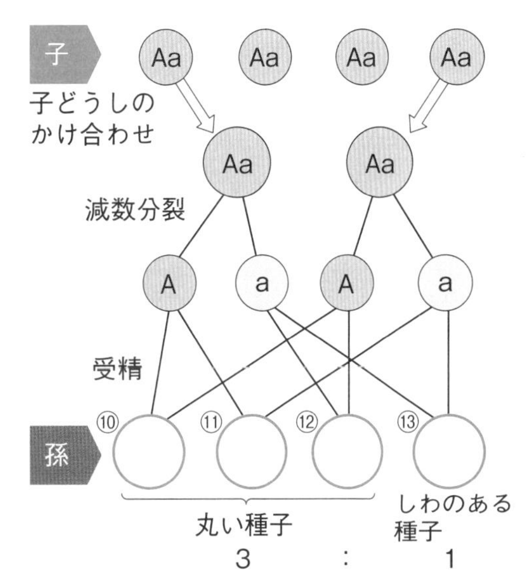

③ 次の文の〔　〕にあてはまることばを書きなさい。

チェック P.28 ③

- 遺伝子の本体は〔①　　〕核酸といい，ふつうアルファベット3文字で〔②　　〕と表す。
- 生物の進化は，〔③　　〕がまれに変化して，形質が変わることによって起きると考えられる。

3章 生命の連続性 -3

4 生物の進化

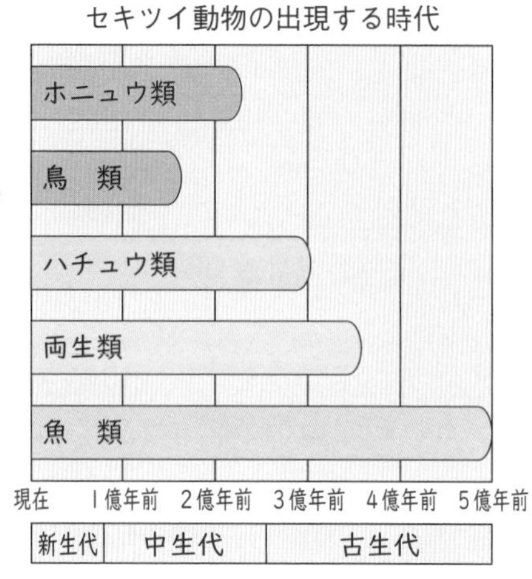

① **進化** 生物のからだの形や性質が長い時間をかけて，世代を重ねる間に変化すること。進化は，遺伝子の変化により，世代を重ねる間に，形質を少しずつ変化させて起きたと考えられる。
↳形質という。

● **からだのつくりの共通性**…例えば，セキツイ動物の場合，図のような共通性が見られる。

	魚類	両生類	ハチュウ類	鳥類	ホニュウ類
呼吸	えら	子はえら 親は肺と皮膚	肺		
体温	まわりの温度により変化			ほぼ一定	
ふえ方	卵生(殻なし)		卵生(殻あり)		胎生

② **水中から陸上へ** 乾燥に耐えられるからだのしくみをもつことで，水中生活から陸上生活する生物へと進化してきた。
↳植物はコケ植物→シダ植物→種子植物。

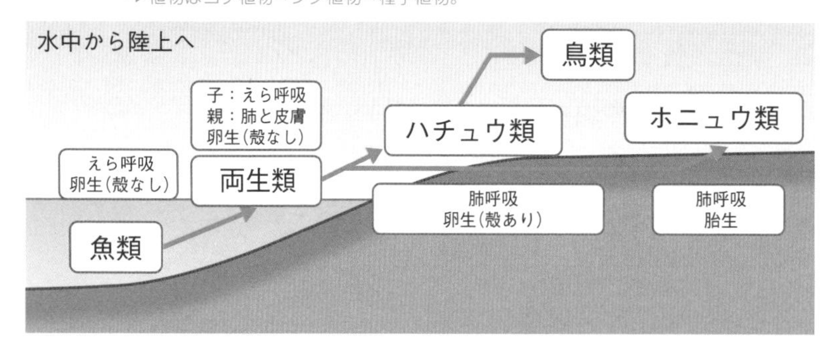

③ **進化の証拠**

● **始祖鳥**…鳥類がハチュウ類から進化したとされる証拠。
↳約1億5000万年前の中生代の地層で発見された化石。

● **相同器官**…セキツイ動物の前あしのように，見かけの形やはたらきは異なっていても，基本的には同じつくりのものが変化してできたと考えられる器官のこと。

覚えると得

地球の誕生と生命の誕生

地球が誕生したのは，約46億年前，生命が誕生したのは約38億年前の海中と考えられている。

始祖鳥

ハチュウ類と鳥類の特徴をあわせもつ。

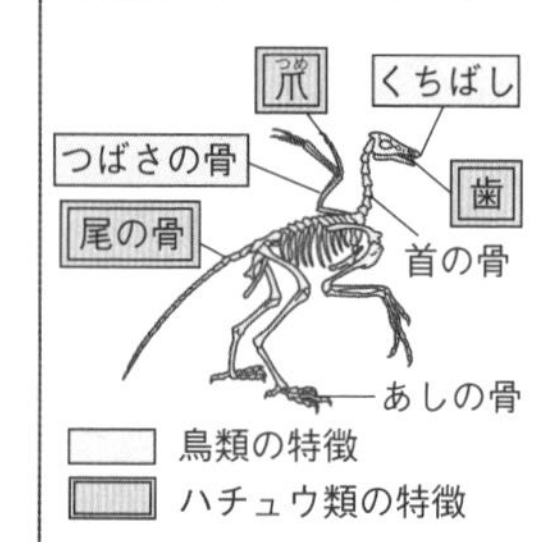

相同器官の例

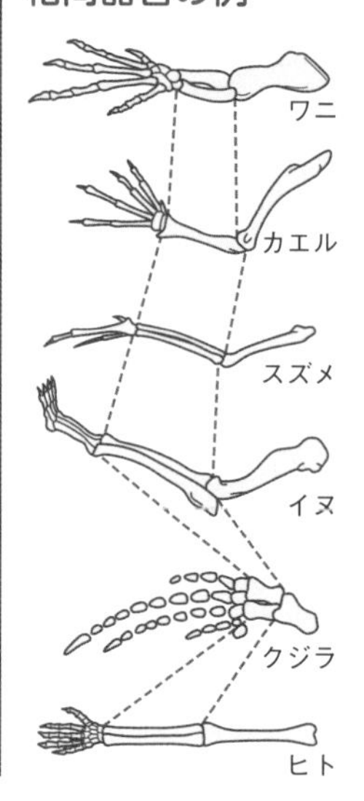

基本チェック

左の「学習の要点」を見て答えましょう。

学習日　　月　　日

4 生物の進化について，次の問いに答えなさい。

チェック P.30 4①②

(1) 次の文の〔　〕にあてはまることばを書きなさい。

- 生物が長い時間をかけて世代を重ねる間に，からだのつくりなどが変化していくことを〔①　　〕という。生物の①は，〔②　　〕の変化によって，少しずつ形質が変わることで起きたと考えられている。
- 生物は，〔③　　〕に耐えるためのからだのつくりやしくみをもつことで，水中生活から陸上生活へ進出することができた。
- セキツイ動物は，魚類から両生類へ，さらに両生類から〔④　　〕と〔⑤　　〕が進化し，④から鳥類が進化したと考えられている。

(2) 右の図は，セキツイ動物の５つのグループが地球上に出現した時代を示している。〔　〕にあてはまるグループ名を書きなさい。

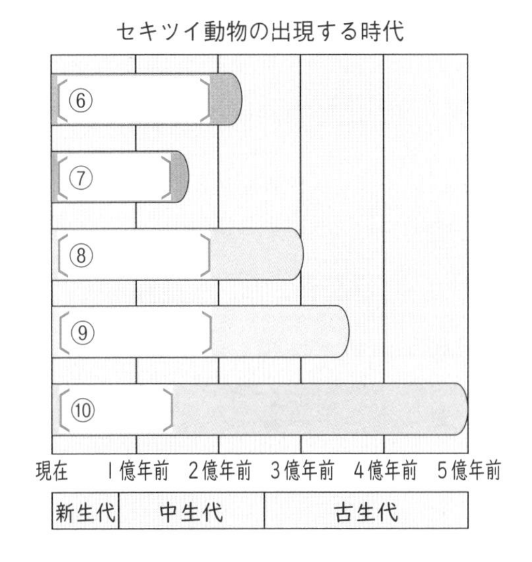

5 次の問いに答えなさい。

チェック P.30 4③

(1) 鳥類がハチュウ類から進化した証拠とされている，約1億5000万年前の地層から化石で発見された生物の名称（めいしょう）を答えなさい。
〔　　〕

(2) セキツイ動物の前あしのように，見かけの形やはたらきは異なっていても，基本的には同じつくりのものが変化してできたと考えられる器官を何というか。
〔　　〕

基本ドリル

単元1 生物のふえ方

3章 生命の連続性

1 エンドウの種子の形と色が，親から子へどう受けつがれていくかを調べた。次の問いに答えなさい。

チェック P.26 ❶ (各５点×７ ㉟点)

図１　種子の形

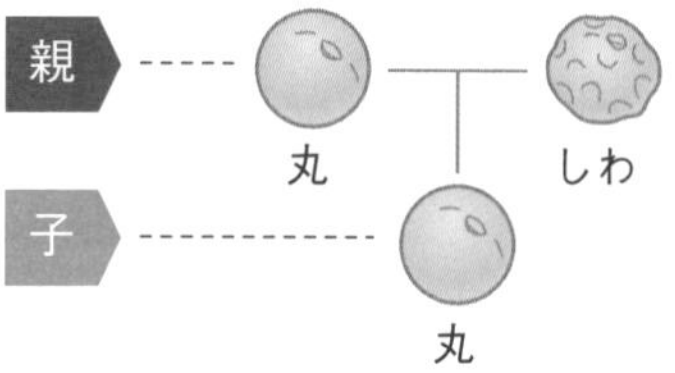

親 ----- 丸 ― しわ

子 ----- 丸

図２　子葉の色

親 ----- 黄色 ― 緑色

子 ----- 黄色

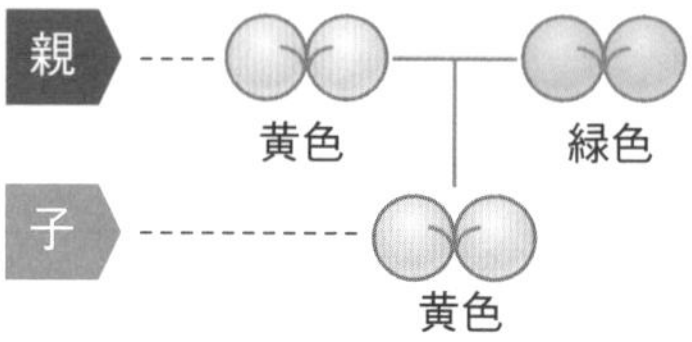

(1) 生物のからだの特徴(とくちょう)となる形や性質を形質という。図１で親の形質は「丸い種子」と「しわの種子」である。図２の親の形質は何と何か。

〔　　　　〕

(2) 親の形質が子に伝わることを遺伝という。図１では，どちらの親の形質が子に現れているか。

〔　　　　〕

(3) 図２では，どちらの親の形質が子に現れているか。

〔　　　　〕

(4) 子に現れる形質を顕性(けんせい)形質，子に現れない形質を潜性(せんせい)形質という。図１で，顕性形質と潜性形質をそれぞれ書きなさい。

顕性形質〔　　　　〕　潜性形質〔　　　　〕

(5) 図２ではどうか。顕性形質と潜性形質をそれぞれ書きなさい。

顕性形質〔　　　　〕　潜性形質〔　　　　〕

2 遺伝について，次の問いに答えなさい。　チェック P.28 ❸ (各５点×３ ⑮点)

(1) 遺伝において，親の形質を子に伝えるものを何というか。

〔　　　　〕

(2) (1)の本体は何か。下の{　}の中から選んで書きなさい。

〔　　　　〕

{ クローン核酸(かくさん)　デオキシリボ核酸　らせん核酸 }

(3) (2)をアルファベット３文字で表しなさい。

〔　　　　〕

学習日　月　日　得点　点

3 丸い種子の遺伝子をA，しわのある種子の遺伝子をaとして，次の問いに答えなさい。

チェック P.28 ②（各５点×７　35点）

(1) 右の図のように，遺伝子は対になっているので，純系の親ではそれぞれAA，aaと表せる。精細胞や卵細胞ができると，対になっている遺伝子は分かれて，別々の生殖細胞（せいしょくさいぼう）に入る。この法則を何というか。　〔　　　　〕

親　丸い種子　しわのある種子
AA　aa
精細胞　卵細胞
A　ア　a　イ
受精
子　Aa　ウ　エ　オ

(2) 図のア，イには，A，aのどちらが入るか。

ア〔　　　　〕　イ〔　　　　〕

(3) 受精によって核が合体すると，Aの遺伝子とaの遺伝子が対になって，Aaという遺伝子の組み合わせの子ができる。図のウ，エ，オの遺伝子の組み合わせを，それぞれ記号で書きなさい。

ウ〔　　　　〕　エ〔　　　　〕　オ〔　　　　〕

(4) Aaという遺伝子の組み合わせをもつ子どうしをかけ合わせると，孫の代の遺伝子の組み合わせは，３通りできる。その組み合わせは，AA，Aaと残り１つは何か。

〔　　　　〕

4 セキツイ動物のからだを調べると，形やはたらきがちがっていても，基本的には同じつくりの器官がある。下の図は，セキツイ動物の，前あし，つばさの骨格である。次の問いに答えなさい。

チェック P.30 ④（各５点×３　15点）

(1) これらの骨格は，ヒトの何にあたる構造か。　〔　　　　〕

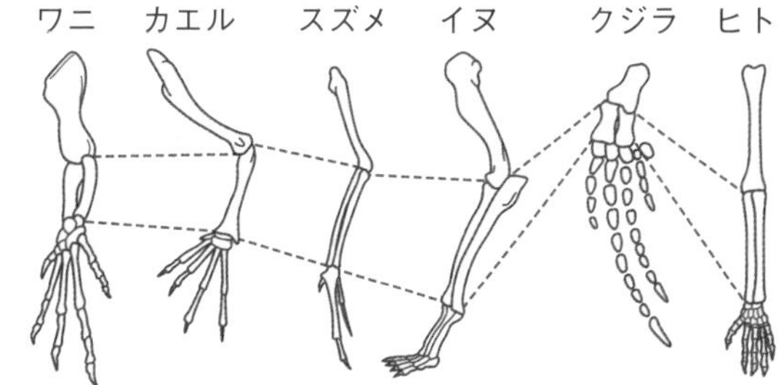

(2) 図の構造のように，基本的には同じつくりの器官のことを何というか。

〔　　　　〕

(3) (2)のような器官が見られることは，進化の証拠（しょうこ）の１つといえるか。

〔　　　　〕

3章 生命の連続性

1 何代にもわたって丸い種子をつくるエンドウと，何代にもわたってしわのある種子をつくるエンドウをかけ合わせたところ，子の種子はすべて丸い形になった。これについて，次の問いに答えなさい。

(各6点×6 36点)

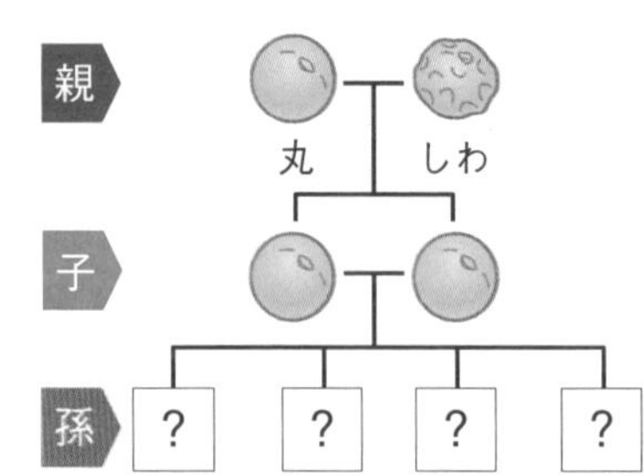

(1) エンドウの種子では，丸い形としわの形のどちらか一方の形質しか現れない。このように対をなす形質を何というか。

〔　　　　　〕

(2) 何代にもわたって，形質が親と同じであるものを何というか。

〔　　　　　〕

(3) 子の代の種子はすべて丸で，しわの種子はできなかった。このように，(2)の親どうしをかけ合わせたとき，子の代に現れる形質と，現れない形質を，それぞれ何というか。

現れる形質〔　　　　　〕　現れない形質〔　　　　　〕

(4) 子の代のエンドウどうしをかけ合わせてできた，孫の代のエンドウの種子の形はどうなるか。次のア～エから選び，記号で答えなさい。〔　　〕

ア　すべての種子が丸くなる。　　イ　すべての種子がしわになる。

ウ　丸い種子としわの種子が，ほぼ同じ数できる。

エ　丸い種子としわの種子ができるが，その数は一方が多い。

(5) エンドウの種子の形に見られた遺伝の規則性について，正しく述べているものを，次のア～ウから選び，記号で答えなさい。〔　　〕

ア　遺伝において形質の現れ方に規則性があるのは，エンドウの種子だけである。

イ　遺伝において形質の現れ方に規則性があるのは，植物の種子だけである。

ウ　遺伝において形質の現れ方に規則性があるのは，動物も植物も同じである。

1 (1)同時には現れない2つの対をなす形質である。

(4)孫では，子に現れた形質と現れなかった形質の両方が現れる。

学習日　　月　日　得点　　点

2 下の表は，遺伝の法則を発見したメンデルが，エンドウのいろいろな形質について調べた結果である。これについて，次の問いに答えなさい。

((4)9点，他各5点×11　64点)

	純系の親の形質の組み合わせ	子での形質の現れ方	孫での形質の現れ方
種子の形	丸 × しわ	丸	丸 5474　しわ 1850
子葉の色	黄色 × 緑色	黄色	黄色 6022　緑色 2001
種皮の色	有色 × 無色	有色	有色 705　無色 224
さやの形	ふくれ × くびれ	ふくれ	ふくれ 882　くびれ 299

(1) 実験の結果からわかることを例にならって書きなさい。

例種子の形…顕性(けんせい)形質〔　丸　〕　潜性(せんせい)形質〔　しわ　〕

孫での形質の現れ方…顕性形質：潜性形質＝〔　およそ　3　：　1　〕

• 子葉の色…顕性形質〔①　　〕　潜性形質〔②　　〕

孫での形質の現れ方…顕性形質：潜性形質＝〔③　およそ　　：　　〕

• 種皮の色…顕性形質〔④　　〕　潜性形質〔⑤　　〕

孫での形質の現れ方…顕性形質：潜性形質＝〔⑥　およそ　　：　　〕

• さやの形…顕性形質〔⑦　　〕　潜性形質〔⑧　　〕

孫での形質の現れ方…顕性形質：潜性形質＝〔⑨　およそ　　：　　〕

(2) 子では，親の一方の形質だけが現れているが，孫では親のそれぞれの形質が現れているといえるか。〔　　〕

(3) 孫での形質の現れ方(顕性形質：潜性形質)は，およそどんな割合になっているか。

〔　　：　　〕

(4) 遺伝の情報は，遺伝子によって伝えられる。遺伝子の本体は何という物質か。

〔　　〕

2 (1)対立形質の純系どうしの親をかけ合わせた場合，子に現れる形質を顕性形質といい，現れない形質を潜性形質という。

(2)孫では，両方の形質が現れている。

単元1 生物のふえ方

3章 生命の連続性

1 種皮の色が有色の純系のエンドウと，種皮の色が無色の純系のエンドウをかけ合わせたところ，子の種皮の色はすべて有色だった。次の問いに答えなさい。

(各5点×3 15点)

(1) 親の代の，有色の種皮の遺伝子の組み合わせをAA，無色の種皮の遺伝子の組み合わせをaaとして，子の代の遺伝子の組み合わせを書きなさい。〔　　　　〕

(2) 子の代の生殖細胞(せいしょくさいぼう)がもつ遺伝子はどうなっているか。次のア～エから選び，記号で答えなさい。〔　　〕

ア　すべてAである。　　イ　すべてaである。

ウ　Aのものとaのものがある。　　エ　すべてAaである。

(3) 子の代どうしをかけ合わせてできる，孫の代の種皮の遺伝子の組み合わせはどうなるか。次のア～エから選び，記号で答えなさい。〔　　〕

ア　すべてAAになる。　　イ　すべてAaになる。

ウ　AAのものとAaのものがある。

エ　AAのものとAaのものとaaのものがある。

2 右の図は，潜性(せんせい)形質を現す純系の親(aa)と，顕性(けんせい)形質を現す純系の親(AA)をかけ合わせたときの模式図である。図の①～⑧にあてはまる遺伝子やその組み合わせを，図中に記号で書きなさい。

(各5点×8 40点)

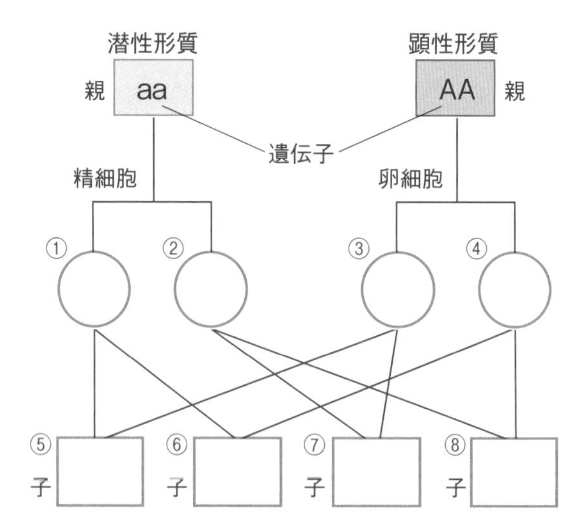

1 (2)生殖細胞ができる減数分裂(ぶんれつ)のときは，1対になっている遺伝子が分かれて，別々の細胞に入る(分離(ぶんり)の法則)。

2 ①～④は，生殖細胞内の遺伝子である。

学習日　　月　　日　得点　　点

3 エンドウの種子には，形質を伝えるものが対になっていると考えると，遺伝のようすは，右の図のように表せる。丸の形質を伝えるものをA，しわの形質を伝えるものをa，親をaa，AAとして，次の問いに答えなさい。

（各５点×９　45点）

親 aa × 親 AA
精細胞 a　a　A　A 卵細胞
子

子 × 子
子の精細胞 A　a　A　a 子の卵細胞
孫

(1)　a，Aのように，親から子へ伝わる形質のもとになるものを何というか。〔　　〕

(2)　子での(1)の組み合わせは，aa，AA，Aaのどれか。〔　　〕

(3)　子の種子の形は，すべて丸い形であった。子で現れる形質を何というか。

〔　　〕

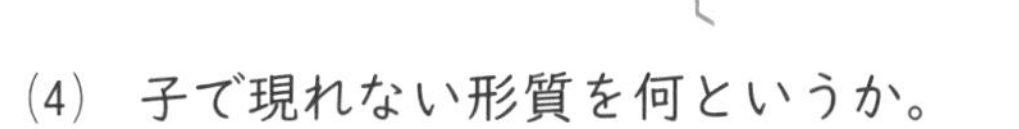

(4)　子で現れない形質を何というか。

〔　　〕

(5)　孫では，(1)の組み合わせが３通りできる。その組み合わせをAとaを使ってすべて書きなさい。

〔　　〕

(6)　(5)の組み合わせのうち，丸い種子になるものを２つ書きなさい。

〔　　〕〔　　〕

(7)　(5)の組み合わせのうち，しわのある種子になるものを書きなさい。

〔　　〕

(8)　孫の代でできる丸い種子の数としわのある種子の数の割合を，最も簡単な整数の比で表しなさい。　丸：しわ＝〔　　：　　〕

3 (2)，(3)子の代には，顕性形質しか現れない。aaの組み合わせと，AAの組み合わせはない。

(5)図にa，Aを書き入れて考える。

まとめのドリル

単元1

生物のふえ方

1 図1は，根の先端部分を拡大した図である。図2は，A～Dの一部に見られた細胞のようすを示している。次の問いに答えなさい。　　(各9点×3　27点)

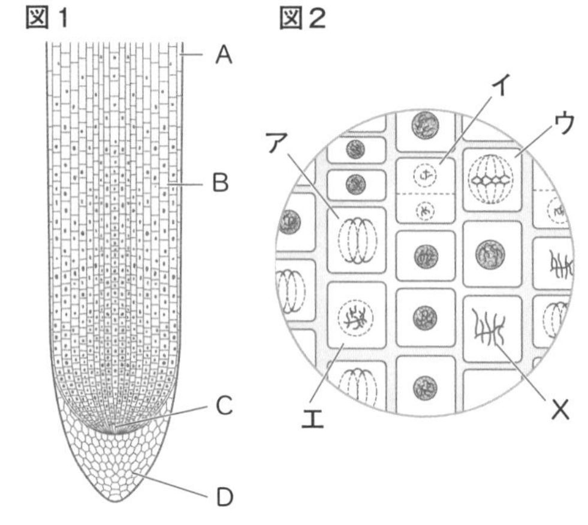

(1)　図2は，図1のA～Dのどの部分で見られた細胞のようすか。　〔　　　〕

(2)　図2のXの名称を書きなさい。

〔　　　　　〕

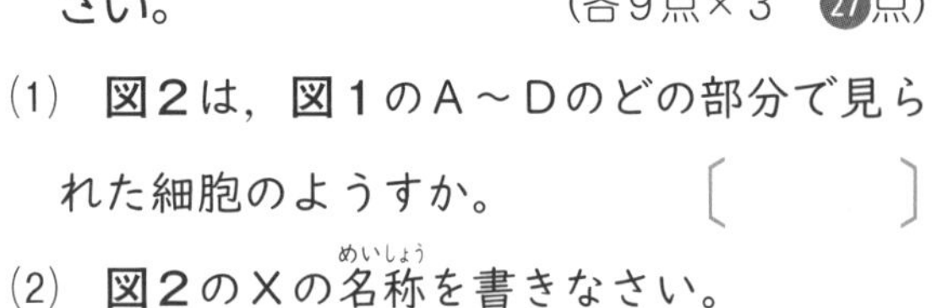

(3)　図2のア～エを，細胞分裂の進む順に並べなさい。

〔　　→　　→　　→　　〕

2 右の図は，カエルの受精卵が細胞分裂によって変化していくときのそれぞれの時期のようすを示したものである。次の問いに答えなさい。

A
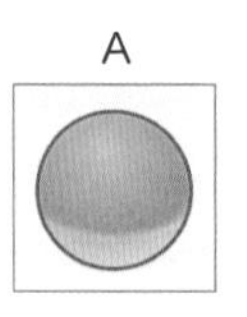
B

C
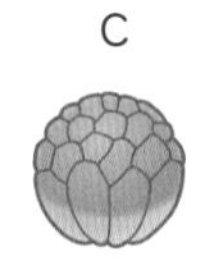
D
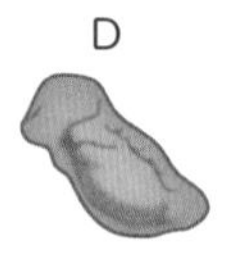
E
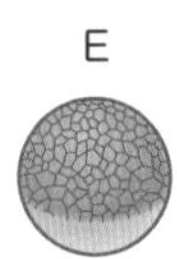

(各7点×3　21点)

(1)　図のAは，受精卵である。受精卵は何個の細胞からできているか。

〔　　　　　〕

(2)　受精卵Aは，どのような順序で変化していくか。A～Eを順に並べなさい。

〔　A→　　→　　→　　→　　〕

(3)　発生とは，受精卵がどうなる過程のことをいうか。

〔　　　　　　　　　　〕

1 (1)細胞分裂が活発に起こっている成長点の図である。

2 (1)受精卵は細胞分裂をくり返して，多細胞のからだをつくっていく。
(3)受精卵は最終的にどのような形になっていくかを考える。

3 右の図は，ある動物がふえるときの染色体のようすを示したものである。次の問いに答えなさい。　(各９点×４　36点)

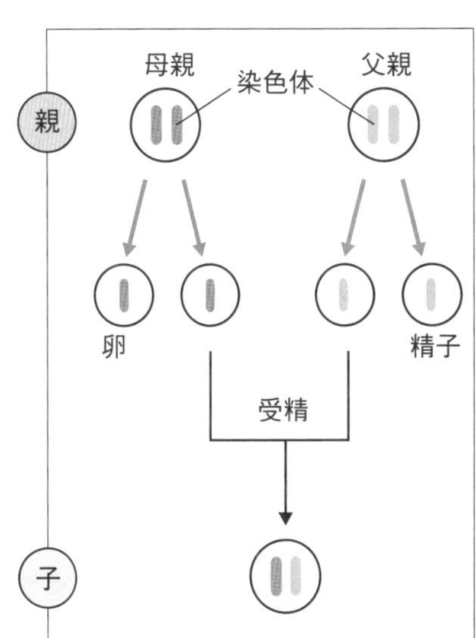

(1)　卵や精子など子孫を残すための細胞を何というか。

〔　　　　　〕

(2)　卵や精子などがつくられるときの特別な細胞分裂を何というか。

〔　　　　　〕

(3)　(2)のような分裂が行われると，細胞の染色体の数は，もとの細胞の染色体の数と比べてどうなるか。

〔　　　　　〕

(4)　受精してできた子の遺伝子は，だれの遺伝子を受けついだものか。次のア～ウから選び，記号で答えなさい。　〔　　　〕

ア　母親だけ　　イ　父親だけ　　ウ　母親と父親

4 右の図は，始祖鳥とよばれる動物の化石の復元骨格である。次の問いに答えなさい。　(各８点×２　16点)

(1)　始祖鳥は，鳥類とハチュウ類の両方の特徴をもっている。ハチュウ類の特徴はどれか。図から３つ選んで書きなさい。

〔　　　　　　　　　　〕

(2)　始祖鳥の化石の特徴から考えると，鳥類は，何類から分かれて進化したと考えられるか。　〔　　　　　〕

3 減数分裂によって染色体の数が半分になった生殖細胞の核が合体することで，もとの数になる。

4 (1)鳥類にはないつくりを探してみる。
(2)始祖鳥は鳥類とハチュウ類の両方の特徴をもっている。

定期テスト対策問題(1)

1 図1のように，ソラマメの種子を発芽させて，根がのびたとき，先端から1cmずつ等間隔に印をつけた。数日後，この根の印の間隔がいちじるしく広がった部分が見られた。その部分の細胞を観察して，細胞分裂の各段階を模式的に示したものが，図2である。次の問いに答えなさい。 (各6点×5 30点)

図1

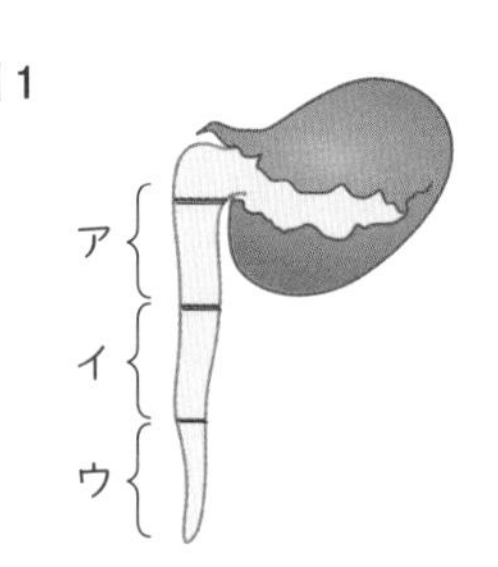

図2

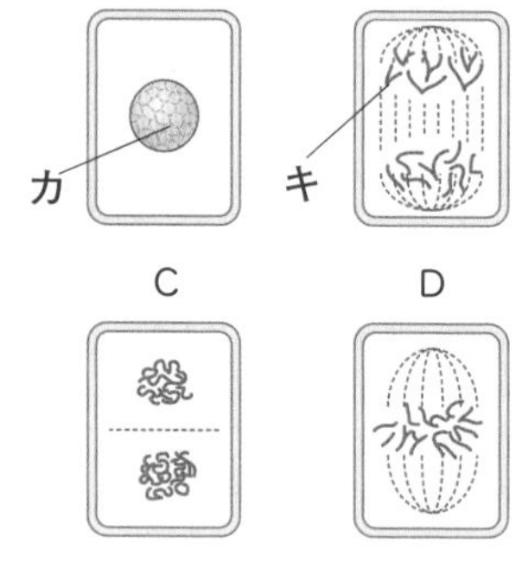

(1) 根が最も成長してのびた部分はどこか。図1のア～ウから選び，記号で答えなさい。 〔　　〕

(2) 図2のカ，キの名称を書きなさい。

カ〔　　　〕 キ〔　　　〕

(3) 細胞を観察しやすくするために用いる染色液はどれか。下の{　}の中から選んで書きなさい。

〔　　　〕

{ ベネジクト液　酢酸カーミン液　ヨウ素液　BTB液 }

(4) 図2のA～Dを，細胞分裂の進む順に並べなさい。

〔　→　→　→　〕

2 ある植物の花の色について，「赤色」が顕性形質，「白色」が潜性形質であることがわかっている。赤色になる遺伝子をA，白色になる遺伝子をaとしたとき，次の問いに答えなさい。 (各5点×2 10点)

(1) 図のような親どうしの交配(かけ合わせ)によってできる種子(子)で，赤い花と白い花をつけるものの数の比を，簡単な整数の比で表しなさい。

赤い花：白い花＝〔　　：　　〕

(2) (1)でできた種子のうち，白い花をつけたものの遺伝子の組み合わせは，どのように表せるか。

〔　　　〕

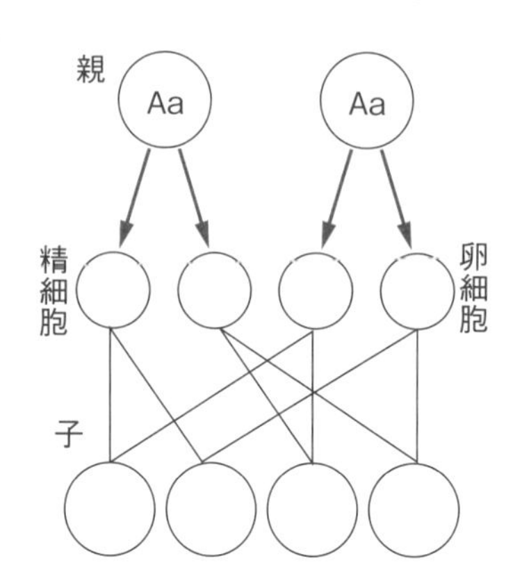

3 右の図は，被子植物の花の断面図である。次の問いに答えなさい。（各５点×６　30点）

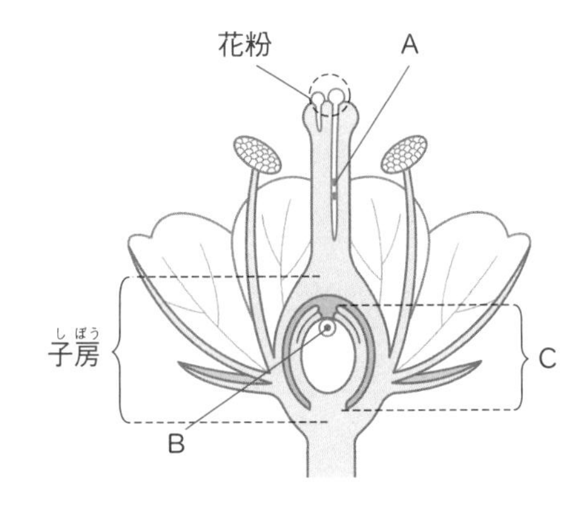

(1)　おしべの花粉がめしべの柱頭につくことを，何というか。〔　　　　　　〕

(2)　花粉が柱頭につくと，花粉管をのばす。この花粉管の中を移動する，Ａは何か。

〔　　　　　　〕

(3)　図のＢとＣは何か。それぞれ書きなさい。

Ｂ〔　　　　　　〕　Ｃ〔　　　　　　〕

(4)　Ａの核とＢの核が合体して１つになることを，何というか。〔　　　　　　〕

(5)　Ｂの部分は，(4)の後に何とよばれるものになるか。〔　　　　　　〕

4 ヒドラやアメーバのなかまのふやし方について，次の問いに答えなさい。（各５点×３　15点）

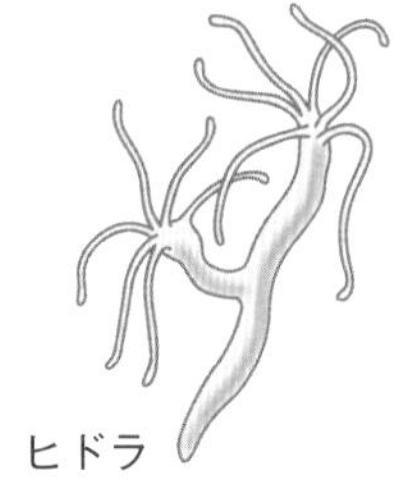

(1)　ヒドラは，からだの一部がふくらんで，そこから新しい個体をつくるが，このときに受精は行われるか。

〔　　　　　　〕

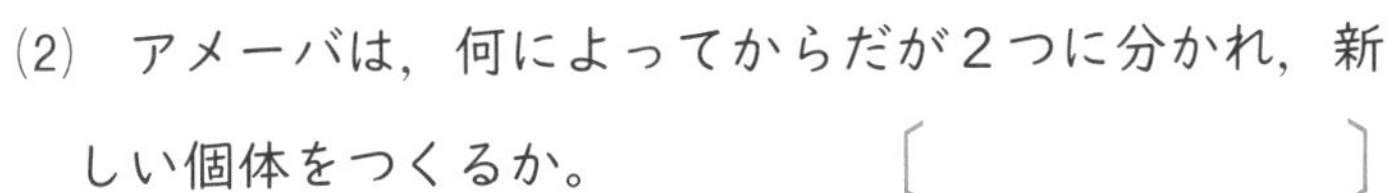
(2)　アメーバは，何によってからだが２つに分かれ，新しい個体をつくるか。〔　　　　　　〕

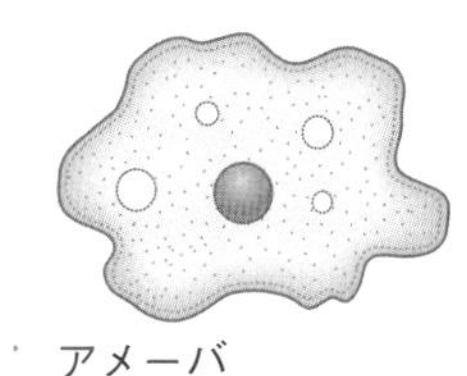

(3)　ヒドラやアメーバのようなふえ方を何というか。

〔　　　　　　〕

5 生物の進化について，次の問いに答えなさい。（各５点×３　15点）

(1)　地球上の最初の生物は，水中と陸上のどちらに現れたか。〔　　　　　　〕

(2)　両生類は，何類から進化したと考えられるか。〔　　　　　　〕

(3)　始祖鳥は，セキツイ動物の何類から何類への進化の途中で現れたか。

〔　　　　　　〕

定期テスト対策問題(2)

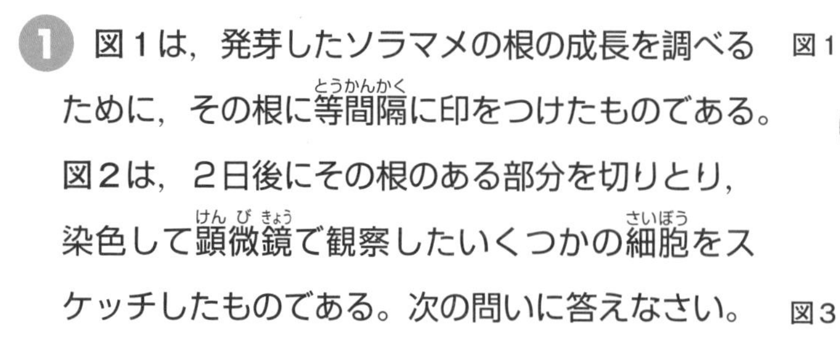

1 図1は，発芽したソラマメの根の成長を調べるために，その根に等間隔（とうかんかく）に印をつけたものである。図2は，2日後にその根のある部分を切りとり，染色して顕微鏡（けんびきょう）で観察したいくつかの細胞（さいぼう）をスケッチしたものである。次の問いに答えなさい。

(各8点×4　32点)

図1

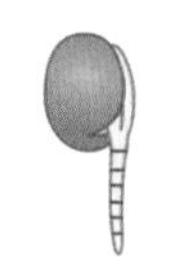

図2

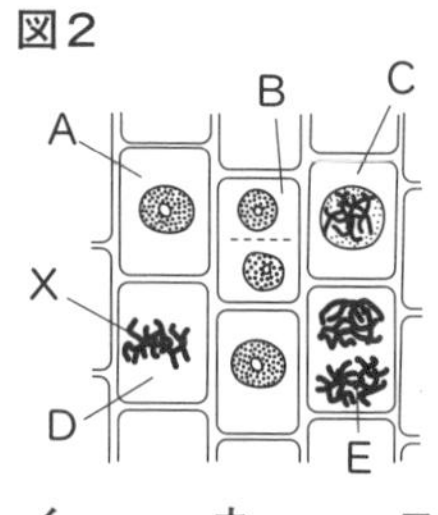

図3

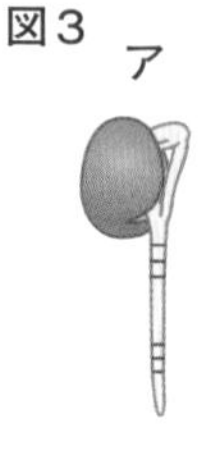

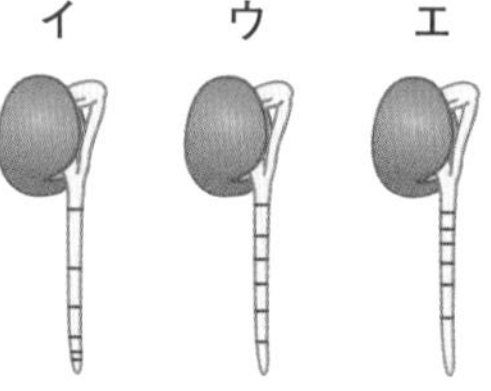

(1)　2日後の根の印のようすを正しく表しているものを，図3のア～エから選び，記号で答えなさい。

〔　　　〕

(2)　染色液として用いる試薬名を2つ書きなさい。

〔　　　　　　　　　　〕

(3)　図2のXで示しているひも状のものは何か。

〔　　　　　〕

(4)　図2のA～Eを，細胞分裂（ぶんれつ）の進む順に並べなさい。

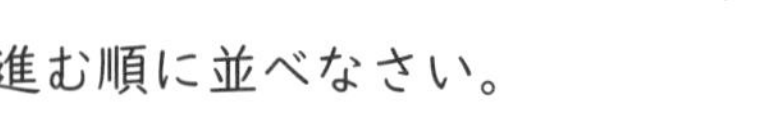

〔　　→　　→　　→　　→　　〕

2 下の図のA～Eは，カエルの受精卵の変化のようすを示したものである。次の問いに答えなさい。

(各8点×4　32点)

A

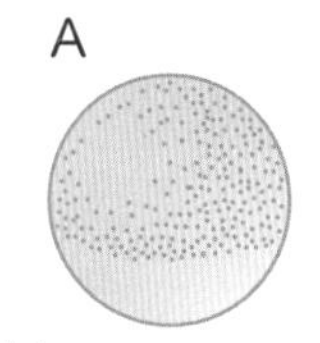

B

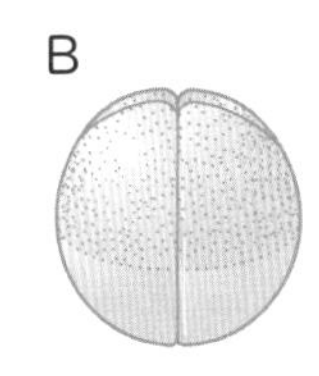

C

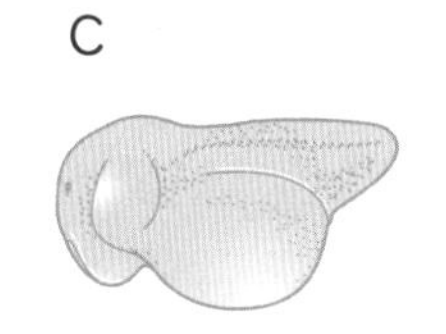

D

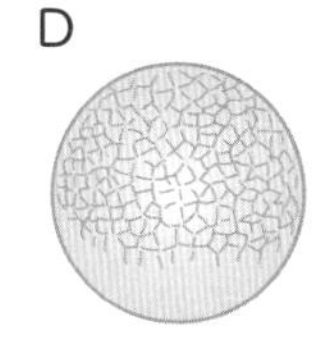

E

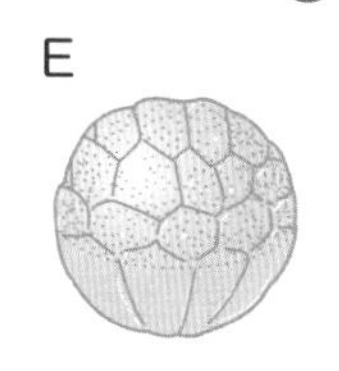

(1)　雌（めす）のカエルが産んだ卵は，雌のカエルのどの器官でつくられたものか。

〔　　　　　〕

(2)　図のA～Eを，細胞分裂の進む順に並べなさい。

〔A→　　→　　→　　→　　〕

(3)　図のBは，2回目の細胞分裂が終わったものである。何個の細胞からできているか。

〔　　　　　〕

(4)　受精卵が細胞分裂をくり返し，個体としてのからだがつくられていく過程を何というか。

〔　　　　　〕

学習日　月　日　得点　点

3 被子植物の生殖と遺伝について，下の〔実験〕を行った。これについて，次の問いに答えなさい。

（各6点×6　36点）

〔実験〕

何代にもわたってしわのある種子をつくり続けているエンドウ(親)の柱頭に，何代にもわたって丸い種子をつくり続けているエンドウ(親)の花粉をつけたところ，できた種子(子)は，すべて丸い種子であった。また，子の丸い種子をまいて育てたエンドウの柱頭に，同じ花の花粉をつけたところ，できた種子(孫)は，丸い種子と，しわのある種子があった。右の図は，実験の結果を模式的に示したものである。

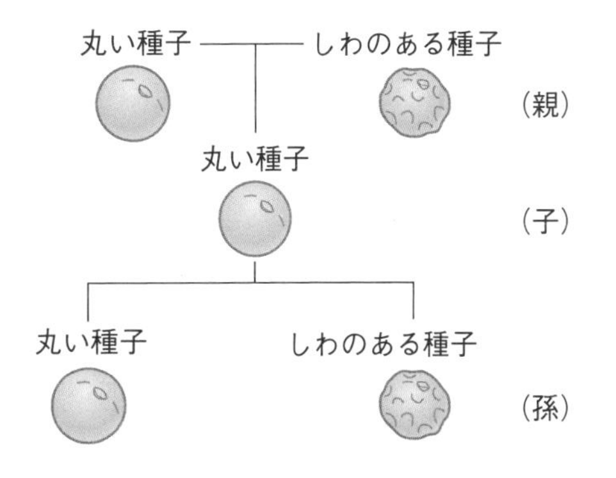

(1) 丸い種子の親の遺伝子の組み合わせをAA，しわのある種子の親の遺伝子の組み合わせをaaとするとき，子の遺伝子の組み合わせは，どのように表せるか。

〔　　　　〕

(2) 孫の遺伝子の組み合わせには，どのようなものがあるか。すべて答えなさい。

〔　　　　〕

(3) 孫のうち，丸い種子の遺伝子の組み合わせは，どのようなものがあるか。すべて答えなさい。

〔　　　　〕

(4) 孫のうち，しわのある種子の遺伝子の組み合わせは，どのようなものがあるか。すべて答えなさい。

〔　　　　〕

(5) 孫のうち，丸い種子が546個だったとき，しわのある遺伝子は何個くらいと考えられるか。最も適当なものを，次のア～ウから選び，記号で答えなさい。

ア　約550個　　イ　約270個　　ウ　約180個　〔　　〕

(6) 子の種子がすべて丸い種子であったのはなぜか。理由を簡単に説明しなさい。

〔　　　　〕

復習 小学校で学習した「太陽・月・星」

1 太陽と月の動き

① **太陽と月の動き**　太陽も月も，東からのぼって，南の空を通り，西へ沈(しず)む。

- 満月…夕方に東からのぼり，真夜中に南の空を通り，明け方に西に沈む。
- 半月(上弦(じょうげん)の月)…午後，南東の空に見えて，夕方に南の空を通り，真夜中に西に沈む。

2 太陽と月のようす

① **太陽**　太陽は，強い光を出してかがやいている。表面はとても温度が高い。

② **月**　月は自ら光を出さず，太陽の光を受けてかがやいている。表面には，クレーターとよばれる丸いくぼみがたくさんある。

3 月の形の変化

① **月の形の変化**　月はおよそ1か月の周期で，形が変化して見える。

② **月の見え方**　月は太陽の光を受けながら，地球のまわりを回っている。月がどこにあるかによって，月に太陽の光が当たっている部分の見え方が変化し，月の形が変わって見える。

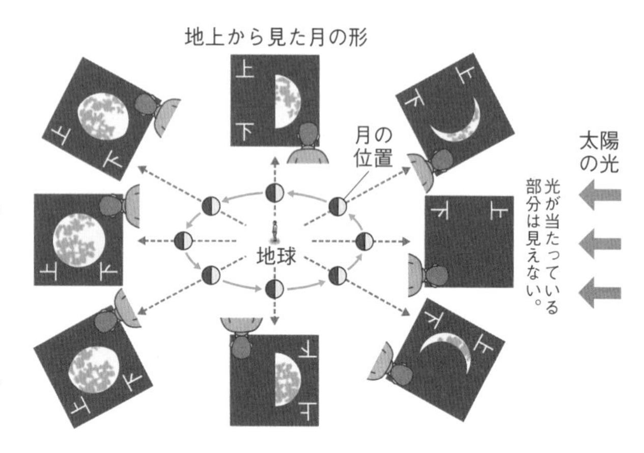

4 星の動き

① **星の色と明るさ**　星にはいろいろな色のものがある。また，明るい星から1等星，2等星，3等星，……と分けられている。

② **星座の動き**　星や星座は，時間とともに見える位置が変わるが，並び方は変わらない。

復習ドリル

1 月の動き方や見え方について，次の問いに答えなさい。

(1) 図1，図2のように月が見えるのはいつごろか。次のア～ウからそれぞれ選び，記号で答えなさい。

図1〔　　　〕

図2〔　　　〕

ア　夕方　　イ　真夜中

ウ　明け方

図1　満月

A　B

東　南　西

図2　半月

A　B

東　南　西

(2) この後，月はどちらの向きに移動して見えるか。図のA，Bのうちからそれぞれ選び，記号で答えなさい。

図1〔　　　〕　図2〔　　　〕

(3) 月の形が変わって見えるのは，何が変わるからか。次のア～ウから選び，記号で答えなさい。〔　　　〕

ア　月の形　　イ　月に当たる光の強さ

ウ　月に光が当たっている部分の見え方

(4) 月の形の見え方は，およそ何か月かけてもとにもどるか。

〔　　　〕

2 太陽と月について，次の問いに答えなさい。

(1) 太陽はどのようにしてかがやいているか。次のア～ウから選び，記号で答えなさい。〔　　　〕

ア　自ら強い光を出してかがやいている。

イ　ほかの天体からの光を反射してかがやいている。

ウ　自ら光を出し，ほかの天体からの光も反射している。

(2) 月はどのようにしてかがやいているか。(1)のア～ウから選び，記号で答えなさい。〔　　　〕

思い出そう

◀満月は夕方に，図のような半月は昼ごろに，東の空からのぼってくる。

◀太陽も月も，東からのぼり，南の空を通って，西へ沈む。

◀地球から見ると，月に光が当たっている部分が，見えるところと見えないところがある。

◀太陽の表面は，非常に高温である。

4章 太陽系と宇宙 -1

1 太陽系の天体

① **太陽系** 太陽と太陽のまわりを公転している天体の集まり。

② **恒星**（こうせい） 自ら光や熱を出している天体。太陽も恒星の１つである。
（→夜空に見える星のほとんどが恒星である。）

③ **惑星**（わくせい） 太陽のまわりを公転し，大きな質量をもつ球形の天体。太陽系の惑星は，８個である。

- **惑星の特徴**（とくちょう）…ほぼ同じ平面上で同じ向きに，太陽のまわりを公転している。太陽から遠い惑星ほど，公転の周期は長い。地球には，適度な表面温度と，水や酸素をふくむ大気があり，生命が存在できる条件が備わっている。

惑星の名	太陽からの平均距離（きょり）〔億km〕	公転の周期〔年〕	直径〔地球＝1〕	質量〔地球＝1〕	密度〔g/cm^3〕	表面の平均温度〔℃〕
水星	0.58	0.24	0.38	0.06	5.43	約 170
金星	1.08	0.62	0.95	0.82	5.24	約 460
地球	1.50	1.00	1.00	1.00	5.51	約 15
火星	2.28	1.88	0.53	0.11	3.93	約 −60
木星	7.80	11.86	11.21	317.83	1.33	約−150
土星	14.33	29.53	9.45	95.16	0.69	約−180
天王星	28.83	84.25	4.01	14.54	1.27	約−215
海王星	45.17	165.23	3.88	17.15	1.64	約−215

- **地球型惑星**…小型で密度が大きい。水星，金星，地球，火星。
- **木星型惑星**…大型で密度が小さい。木星，土星，天王星，海王星。
（→衛星が多い。）

④ **衛星**（えいせい） 月のように，**惑星**のまわりを公転している天体。
（→水星，金星以外の惑星は衛星をもつが，地球型惑星の衛星は少ない。）

⑤ **すい星** 氷の粒（つぶ）やちりでできた天体。
（→太陽のまわりを細長いだ円の軌道で公転している。）

⑥ **小惑星** 火星と木星の軌道（きどう）の間に多く存在し，太陽のまわりを公転する小さな天体。

⑦ **太陽系外縁**（がいえん）**天体** 海王星の公転軌道よりも外側を公転する天体。冥王星（めいおうせい），エリスは，比較的（ひかくてき）大きい。

✦覚えると得✦

公転
天体がほかの天体のまわりを回転すること。

地球型惑星
おもに**岩石**と金属からできている。

木星型惑星
木星と土星はおもに水素やヘリウムなどの**気体**でできている。天王星と海王星は，気体と岩石，氷などからできていると考えられている。

冥王星
以前は惑星に分類されていたが，2006年の国際天文学連合の総会で惑星の定義が見直され，小天体として扱（あつか）われることになった。

基本チェック

左の「学習の要点」を見て答えましょう。

学習日　月　日

① 太陽系について，次の文の〔　〕にあてはまることばや数字を書きなさい。

チェック P.46 ❶

- 太陽と太陽のまわりを公転している惑星などの天体の集まりを〔①　　〕という。
- 自ら光や熱を出している天体を〔②　　〕という。太陽も②の１つである。
- 太陽系の惑星は〔③　　〕個である。
- 太陽系の公転軌道面は，ほぼ〔④　　〕平面上で〔⑤　　〕向きに公転している。
- 太陽系の太陽から遠い惑星ほど，公転の周期は〔⑥　　〕。
- 地球の公転軌道のすぐ内側を公転する惑星は〔⑦　　〕，すぐ外側を公転する惑星は〔⑧　　〕である。また，太陽系で最も大きな惑星は〔⑨　　〕である。
- 太陽系の惑星のうち，小型で密度が大きい惑星を〔⑩　　〕という。⑩には，〔⑪　　〕の４つの惑星がある。
- ⑩は，おもに〔⑫　　〕と金属でできている。
- 太陽系の惑星のうち，大型で密度が小さい惑星を〔⑬　　〕という。⑬には，〔⑭　　〕の４つの惑星がある。
- ⑬は，おもに〔⑮　　〕でできている惑星や，⑮と岩石や氷でできている惑星がある。
- 惑星のまわりを公転している天体を〔⑯　　〕という。地球の⑯は〔⑰　　〕である。
- 火星と木星の軌道の間に多く存在し，太陽のまわりを公転する小さな天体を〔⑱　　〕という。
- 海王星の公転軌道よりも外側を公転する天体を〔⑲　　〕という。

4章 太陽系と宇宙 -2

② 太陽

① **太陽の表面のようす**　おもに水素からなる高温の気体でできている。

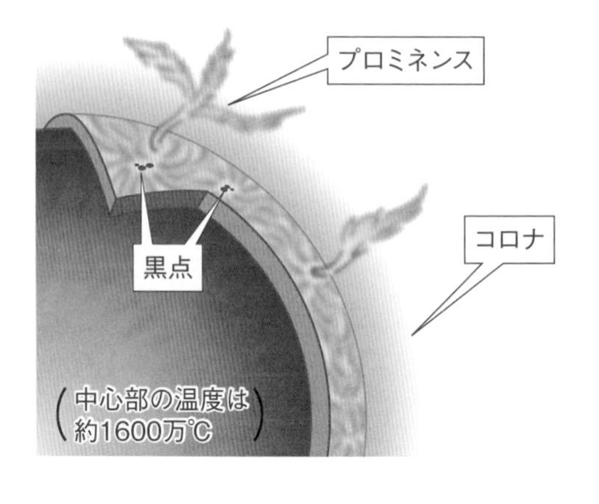

- **太陽の形**…球形。
- **太陽の大きさ**…直径は約140万km。
  ↳地球の直径の約109倍。
- **表面温度**…約6000℃。中心部は約1600万℃。
- **プロミネンス(紅炎(こうえん))**…太陽の表面からふき出す高温のガス。
- **コロナ**…太陽をとりまく高温のうすいガスの層。
  ↳皆既(かいき)日食のときは肉眼でも見ることができる。温度は100万℃以上。

② **黒点(こくてん)**　太陽の表面に見られる黒いはん点のような部分。

- **黒点が黒く見える理由**…まわりよりも温度が低いため。
  ↳1500～2000℃くらい低い。
- **黒点の観察のしかた**…天体望遠鏡に太陽投影板(とうえいばん)をとりつけ，記録用紙を固定し，スケッチする。

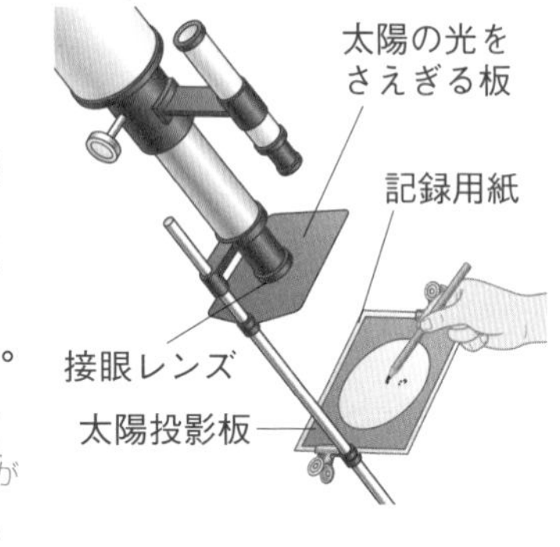

- **観察の結果**…黒点は東から西に移る。また，中央部で円形に見えたものが周辺部ではだ円形に見える。
  ↳太陽が自転していることがわかる。
  ↳太陽の形が球形であることがわかる。

③ **太陽の自転**　約27～30日で１回，自転している。

③ 銀河系

① **銀河**　恒星(こうせい)が数億～数千億個集まったもの。

② **銀河系(天の川銀河)**
太陽系が属する銀河。約2000億個の恒星が集まっている。

③ **天の川**　銀河系はうずを巻いた円盤(えんばん)状の形をしており，地球から見ると，恒星の集団が帯状に見える。これが天の川である。

重要 テストに出る
●黒点の温度は約4000℃で，まわりよりも温度が低い。

覚えると得
自転
天体が，その中心を通る線を軸(じく)にして，自分自身が回転すること。

アンドロメダ銀河
銀河系に最も近い銀河で，地球からおよそ230万光年の距離(きょり)にある。アンドロメダ銀河は銀河系に似たうず巻状だが，うず巻状ではない銀河もある。

基本チェック

左の「学習の要点」を見て答えましょう。

学習日 月 日

2 太陽について，次の問いに答えなさい。

チェック P.48 2

(1) 次の〔 〕にあてはまることばや数字を書きなさい。

- 太陽の表面に見られる黒いはん点のような部分を〔① 〕という。
- 黒点が黒く見えるのは，まわりよりも温度が〔② 〕からである。
- 太陽を観測すると，黒点は〔③ 〕から〔④ 〕に移る。このことから，太陽は〔⑤ 〕をしていることがわかる。
- また，中央部で円形に見えた黒点が，周辺部では〔⑥ 〕に見える。このことから，太陽は〔⑦ 〕であることがわかる。
- 太陽は，約27～30日で1回，〔⑧ 〕している。
- 太陽の直径は地球の約〔⑨ 〕倍である。
- 太陽の表面からふき出す高温のガスを〔⑩ 〕という。
- 太陽をとりまく高温のうすいガスの層を〔⑪ 〕という。

(2) 右の図の〔 〕にあてはまることばや数字を書きなさい。

3 銀河系について，次の文の〔 〕にあてはまることばを書きなさい。

チェック P.48 3

- 恒星が数億～数千億個集まった天体の集団を〔① 〕という。
- 太陽系が属している①を〔② 〕という。
- ②はうずを巻いた〔③ 〕状の形をしている。
- 地球から②の中心方向を見ると，恒星の集団が帯状に見える。これが〔④ 〕である。

4章 太陽系と宇宙

1 太陽と，そのまわりを公転している惑星(わくせい)，すい星，小惑星などの天体の集まりを太陽系という。右の表は，太陽系を構成する天体の特徴(とくちょう)をまとめたもので，下の図は，太陽系の天体の軌道(きどう)を表している。次の問いに答えなさい。

天体の種類	天体の特徴
恒(こう)星(せい)	自ら光を出してかがやいている天体。
惑星	太陽のまわりを公転し，太陽の光を反射してかがやいている天体。
小惑星	火星と木星の間にある小さな天体。
すい星	氷の粒(つぶ)やちりなどからできた天体。
衛星	惑星のまわりを公転している天体。
太陽系外縁(がいえん)天体	海王星より外側を公転し，軌道などが惑星と異なる天体。

チェック P.46 1

(各5点×10 50点)

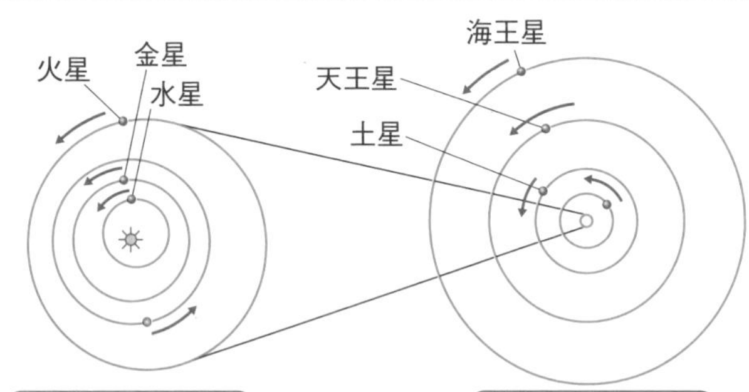

(1) 太陽は，どの天体の種類にふくまれるか。表の中から選んで書きなさい。〔　　〕

(2) 地球と金星は，どの天体の種類にふくまれるか。表の中から選んで書きなさい。〔　　〕

(3) 月はどの天体の種類にふくまれるか。表の中から選んで書きなさい。〔　　〕

(4) 満ち欠けをして見えるのは，恒星，惑星のどちらか。〔　　〕

(5) 太陽系の惑星は全部でいくつあるか。〔　　〕

(6) 岩石でできていて，小型で密度が大きい惑星を何というか。〔　　〕

(7) (6)の惑星をすべて書きなさい。〔　　〕

(8) 大型で密度が小さい惑星を何というか。〔　　〕

(9) (8)の惑星をすべて書きなさい。〔　　〕

(10) 太陽系には冥王星(めいおうせい)などのように，海王星の公転軌道の外側を公転する天体がある。これらの天体をまとめて何というか。〔　　〕

学習日　　月　　日　得点　　点

2 右の図は，太陽のつくりを模式的に示したものである。次の問いに答えなさい。

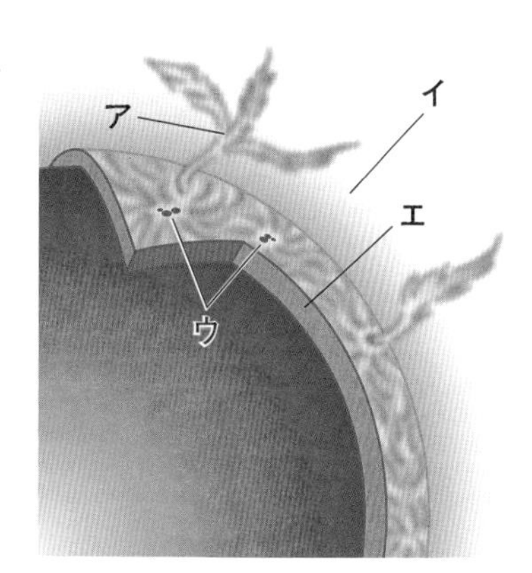

チェック P.48 ❷①　(各５点×６　30点)

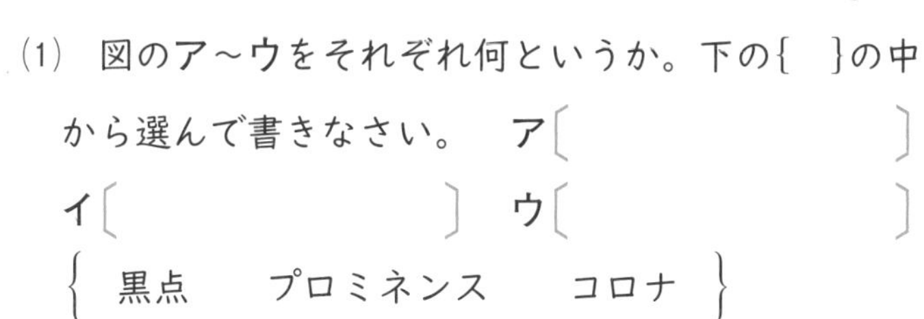

(1)　図のア～ウをそれぞれ何というか。下の{　}の中から選んで書きなさい。　ア〔　　　　〕

イ〔　　　　〕　ウ〔　　　　〕

{ 黒点　　プロミネンス　　コロナ }

(2)　図のウが黒く見えるのはどうしてか。　〔　　　　〕

(3)　太陽の表面からふき出す高温のガスであるのは，図のア～エのうちのどれか。記号で答えなさい。　〔　　〕

(4)　皆既日食のときは肉眼でも見ることのできる，うすいガスの層は，図のア～エのうちのどれか。記号で答えなさい。　〔　　〕

3 右の図は，天体望遠鏡で太陽の黒点を観察し記録したものである。次の問いに答えなさい。

チェック P.48 ❷②③　(各５点×４　20点)

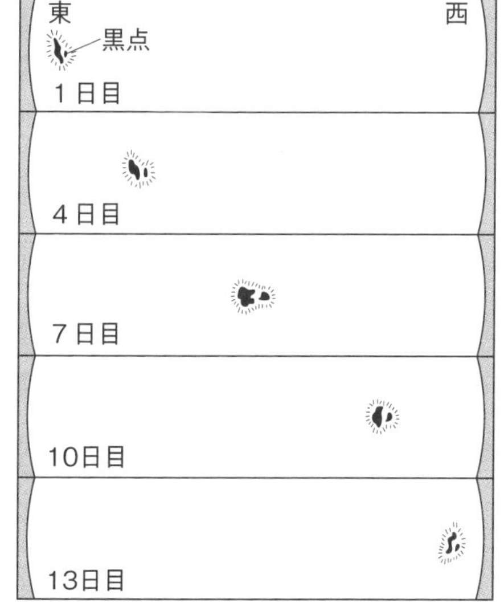

(1)　黒点は，どの方位からどの方位へ移動するか。　〔　　　　〕

(2)　(1)から，太陽が回転していることがわかる。このように，軸を中心に自分自身が回転することを何というか。　〔　　　　〕

(3)　黒点は周辺部にいくほど，ゆがんで見えることから，太陽の形は，円形か，球形か。　〔　　　　〕

(4)　右の図から，太陽は約何日で１回転することがわかるか。下の{　}の中から選んで書きなさい。　〔　　　　〕

{ 約13日　約27日　約38日 }

練習ドリル 4章 太陽系と宇宙

1 右の表は，いくつかの惑星(わくせい)の特徴(とくちょう)を示したものである。次の問いに答えなさい。

(各5点×4 20点)

惑星	直径〔地球=1〕	公転の周期〔年〕	質量〔地球=1〕
地球	1.00	1.00	1.00
A	0.53	1.88	0.11
B	0.95	0.62	0.82
C	9.45	29.53	95.16
D	11.21	11.86	317.83

(1) 惑星のまわりを回っている天体のことを何というか。〔　　　〕

(2) 地球の(1)を答えなさい。〔　　　〕

(3) 表のA～Dのうち，金星と火星を示しているのは，それぞれどれか。記号で答えなさい。

金星〔　　　〕 火星〔　　　〕

2 右の図は，太陽の表面や内部のようすを示している。次の問いに答えなさい。(各5点×7 35点)

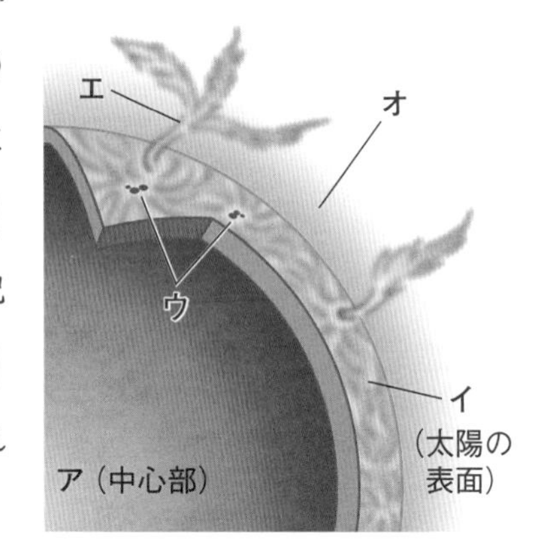

(1) まわりより温度が低いので，黒いはん点のように見える部分を何というか。〔　　　〕

(2) (1)で答えたものは，右の図のア～オのどれか。記号で答えなさい。〔　　　〕

(3) 温度は100万℃以上で，皆既(かいき)日食のときに見られるうすいガスの層を何というか。

〔　　　〕

(4) 図のア～ウの温度は約何℃か。下の{ }の中から選んで書きなさい。

ア〔　　　〕 イ〔　　　〕 ウ〔　　　〕

{ 4000℃　6000℃　1600万℃ }

(5) 天体望遠鏡に太陽投影板(とうえいばん)をとりつけて，図のウを数日間観察すると，移動して見えた。これはどうしてか。〔　　　〕

1 (2)地球の衛星は月だけである。
(3)公転周期が地球と比べて，金星は少し短く，火星は少し長い。

2 (1)，(4)太陽の表面温度は約6000℃で，その表面には周囲よりも1500～2000℃ほど温度が低い黒点が見られる。

学習日　　月　　日　　得点　　点

3 右の図は，太陽の表面の黒点を観察してスケッチしたものである。次の問いに答えなさい。　　(各７点×３　21点)

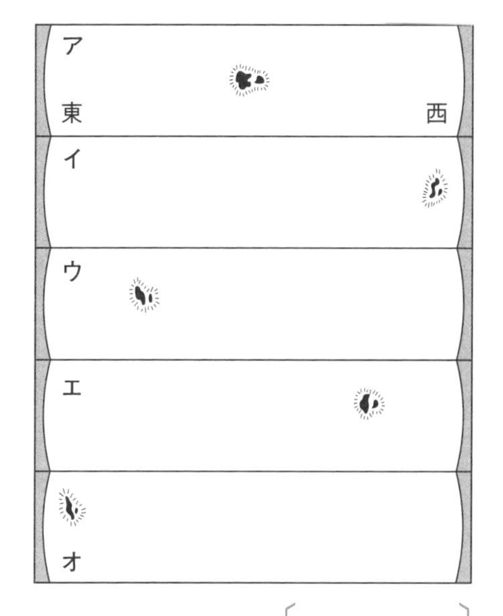

(1) 図のアを最初として，イ～オを観察した順に並べかえなさい。

〔 ア→　　→　　→　　→　　〕

(2) 黒点が，周辺部にいくと，だ円形に見えるのはどうしてか。〔　　〕

(3) 黒点が，図のアからイまで移動するのにかかる日数は約何日か。下の{　}の中から選んで書きなさい。　〔　　〕

{ 約４日　約７日　約13日 }

4 右の図は，太陽系が属している恒星(こうせい)の集団のようすである。次の問いに答えなさい。　　(各６点×４　24点)

A　B　C　D

(1) この恒星の集団を何というか。

〔　　〕

(2) この恒星の集団に，恒星はどのくらいあると考えられているか。次のア～ウから選び，記号で答えなさい。〔　　〕

ア　約20億個　　イ　約200億個　　ウ　約2000億個

(3) 右の図で，太陽系はどの位置にあるか。図のＡ～Ｄから選び，記号で答えなさい。

〔　　〕

(4) 地球から図の恒星の集団の中心方向を見ると，恒星が帯状に集まって見えた。これを何というか。　〔　　〕

3 (1)アが最初なので，黒点は裏側を回って再び現れている。
(4)太陽は約27～30日で１回転する。

4 (1)，(2)地球をふくむ太陽系は，銀河系という約2000億個の恒星からなる銀河に所属している。

4章 太陽系と宇宙

1 右の図は，太陽系の天体の軌道を，模式的に表したものである。次の問いに答えなさい。

(各6点×5 30点)

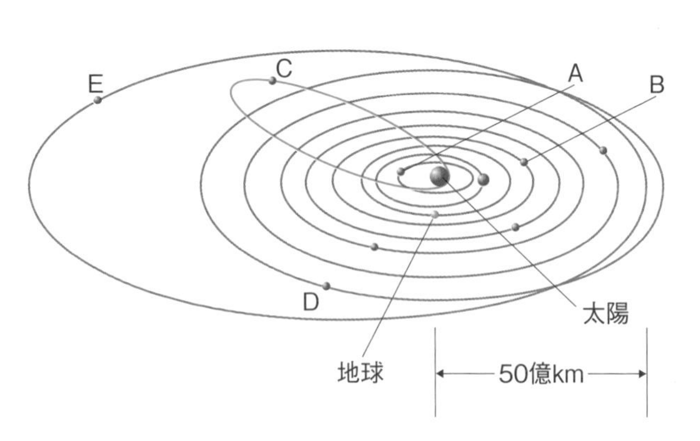

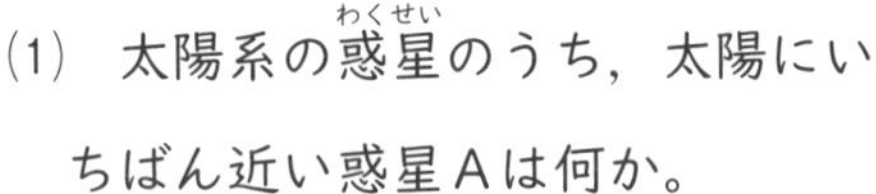

(1) 太陽系の惑星のうち，太陽にいちばん近い惑星Aは何か。

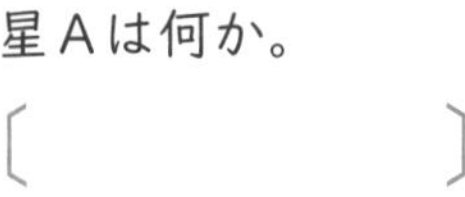

〔　　　　〕

(2) 太陽系の惑星のうち，地球のすぐ外側を公転している惑星Bは何か。

〔　　　　〕

(3) 太陽系の惑星のうち，太陽からいちばん遠くを公転している惑星Dは何か。

〔　　　　〕

(4) Cの天体は，太陽のまわりをだ円の軌道で公転していて，太陽に近づくと長い尾を見せることがある。このような天体を何というか。〔　　　　〕

(5) Eの天体は，以前は惑星に分類されていたが，惑星の定義が見直された結果，太陽系外縁天体に分類されるようになった。Eの天体は何か。〔　　　　〕

2 次の文は，太陽系に関する説明である。下線部が正しければ○を，まちがっていれば正しいことばを書きなさい。

(各5点×6 30点)

(1) ①<u>金星</u>と木星の間にある小さな天体を，②<u>小惑星</u>という。

①〔　　　　〕 ②〔　　　　〕

(2) 太陽系の惑星の公転軌道は①<u>ほぼ同一平面上</u>にあり，公転の向きは②<u>ばらばら</u>である。

①〔　　　　〕 ②〔　　　　〕

(3) 太陽系の惑星のうち，密度が大きい惑星を①<u>火星型惑星</u>といい，密度が小さい惑星を②<u>木星型惑星</u>という。

①〔　　　　〕 ②〔　　　　〕

1 (1)〜(3)太陽系の惑星は，太陽に近い順から，「水金地火木土天海」(すい・きん・ち・か・もく・ど・てん・かい)と覚えるとよい。

2 (1)金星と木星の公転軌道は，となり合っていない。

学習日 月 日 得点 点

3 右の図は，天体望遠鏡で太陽の表面の黒いはん点を観察してスケッチしたものである。次の問いに答えなさい。

(各7点×5 35点)

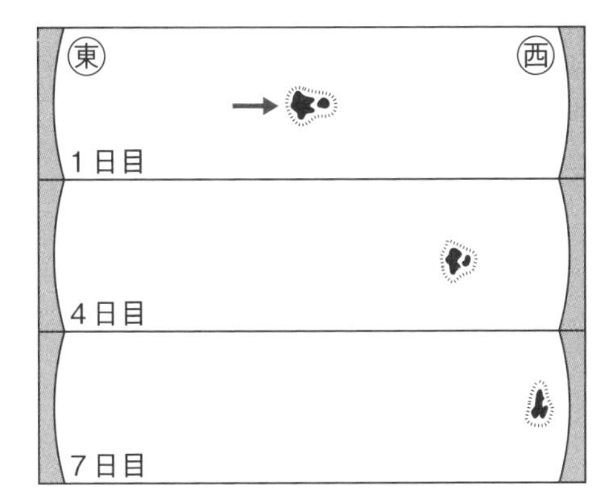

(1) 天体望遠鏡で太陽を観察する際，危険を避けるため，絶対にしてはならないことは何か。〔　　　　〕

(2) 図の矢印で示した黒いはん点を何というか。〔　　　　〕

(3) (2)の部分が黒く見えるのは，どうしてか。〔　　　　〕

(4) 黒いはん点は，日にちの経過とともに移動して見える。これは太陽が何という運動をしているからか。〔　　　　〕

(5) 太陽が球形であることは，黒いはん点が周辺部にいくほど移動の速さがおそくなることのほかに，周辺部にいくほどどのように見えることからわかるか。

〔　　　　〕

4 右の表は，金星・地球・火星についてまとめたものである。正しく述べているものを，次のア～エから選び，記号で答えなさい。(5点)

〔　　　　〕

惑　星	太陽からの平均距離〔億km〕	公転の周期〔年〕	直　径〔地球＝1〕	衛星の数
金　星	1.08	0.62	0.95	0
地　球	1.50	1.00	1.00	1
火　星	2.28	1.88	0.53	2

ア　金星のほうが，火星よりも公転の周期が長い。

イ　金星には衛星が2個あるが，火星には衛星がない。

ウ　金星の軌道のほうが，火星の軌道よりも地球に近い。

エ　火星のほうが，金星よりも大きい(直径が大きい)。

3 (1)太陽の光はとても強いので，目を痛めないように注意する。 (3)黒点ではエネルギーの放出が少なく，暗く見える。 (5)周辺部の黒点の図を見て考える。

4 金星は地球の内側を公転する惑星で，火星は地球の外側を公転する惑星である。

学習の要点

5章 天体の1日の動き -1

1 太陽の1日の動き

① **太陽の動きの観察のしかた**

透明半球を**天球**に見立てて，透明半球上に太陽の位置を記録する。

- **太陽の位置の記録のしかた…**
  透明半球上の**ペンの先**の影が
  ↳ペンの先の位置が太陽の位置になる。
  透明半球の**中心**にくるようにして，一定時間ごとに印をつける。
- **太陽の道筋の表し方…**つけた印をなめらかな線で結び，線を透明半球のふちまでのばす。

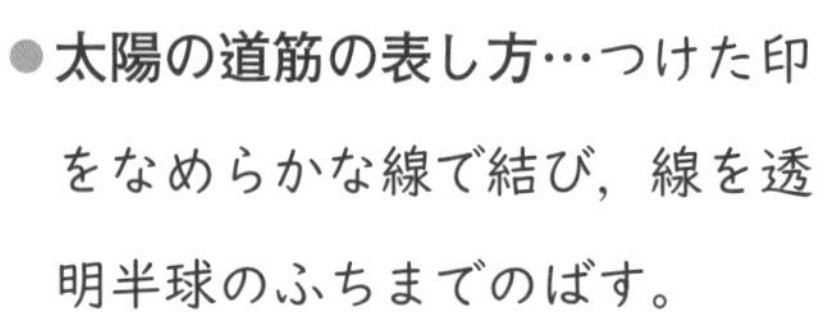

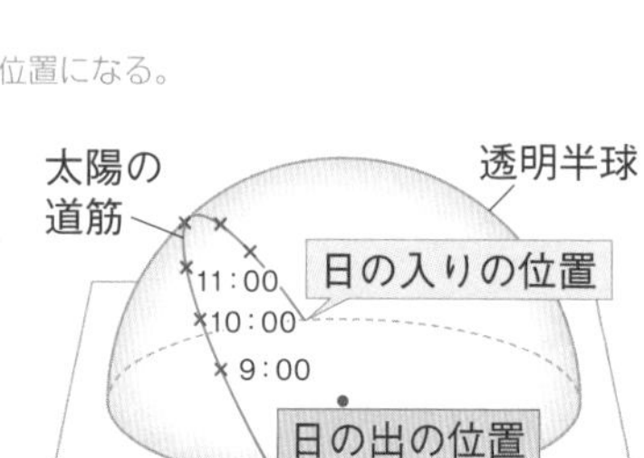

② **太陽の動き**　太陽は，明け方，東の地平線からのぼり，昼ごろ，南の空で最も高くなり，夕方，西の地平線に沈む。
↳これを太陽の南中という。

- **太陽の動く速さ…**一定。←透明半球上の一定時間ごとの印と印の間の距離が等しい。

2 太陽の日周運動と地球の自転

① **太陽の日周運動**　太陽が地球のまわりを東から西へ，1日に1回転して見える見かけの動き。

② **地球の自転と日の出，南中，日の入り，真夜中**　地球を北極
↳地軸を中心に1日に1回，回転する運動。
側から見ると，地球は**反時計回り**に自転している。右の図の**日の出**で，太陽は東の地平線に見える。地球が自転するにつれて，太陽は**南中**し，日の入りでは，西の地平線に見える，その後**真夜中**になる。

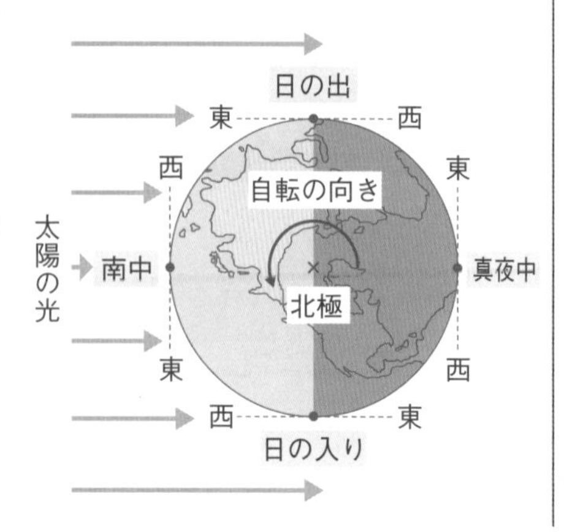

✦ 覚えると得 ✦

天球
観測者を中心とした見かけ上の球形の天井。

地軸
地球の北極と南極を結ぶ軸。

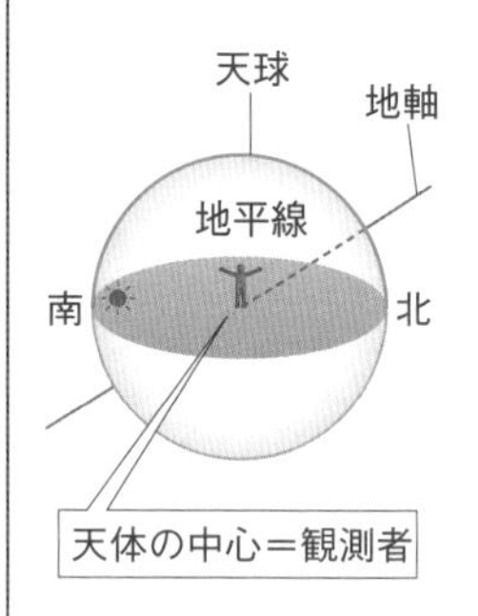

天頂
天球面上で，観測者の真上の点。

子午線
天球面上で，天頂と南北を結ぶ線。

南中
太陽などの天体が，天頂より南側で子午線を通過すること。高度が最大になる。

南中高度
地平線から南中した天体までの角度。

左の「学習の要点」を見て答えましょう。

学習日　　月　　日

① 透明半球を用いた太陽の１日の動きの観察について，次の問いに答えなさい。

チェック P.56 ❶

(1) 次の文の〔　〕にあてはまることばを書きなさい。

- 透明半球を〔①　　　　〕に見立てて，太陽の位置を記録していく。
- 記録するときは，ペンの先の影が透明半球の〔②　　　　〕にくるようにして，一定時間ごとに印をつける。つけた印を〔③　　　　〕で結び，線を透明半球の〔④　　　　〕までのばす。
- 太陽は，明け方，〔⑤　　　〕の地平線からのぼり，昼ごろ，〔⑥　　　〕の空高く上がり，夕方，〔⑦　　　〕の地平線に沈む。
- 透明半球上の一定時間ごとの印と印の間の距離は〔⑧　　　　〕。

〔⑨　　　　〕の位置
太陽の道筋
透明半球
11:00
10:00
9:00
〔⑩　　　　〕の位置

(2) 右の図の〔　〕にあてはまることばを書きなさい。

② 太陽の日周運動について，次の問いに答えなさい。

チェック P.56 ❷

(1) 次の文の〔　〕にあてはまることばや数字を書きなさい。

- 太陽が地球のまわりを〔①　　　〕から〔②　　　〕へ，１日に１回転して見える〔③　　　　〕の動きを，太陽の〔④　　　　〕という。
- 地球を北極側から見ると，地球は〔⑤　　　　〕回りに自転している。
- 太陽の日周運動は，地球の〔⑥　　　　〕による，見かけの動きである。
- 天体が，子午線を通過することを〔⑦　　　　〕という。また，このときの天体の高度を〔⑧　　　　〕という。太陽の高度は，南中したときに〔⑨　　　　〕なる。

(2) 右の図の〔　〕に，「日の出」「日の入り」「真夜中」「南中」のいずれかを書きなさい。

太陽の光
〔⑩　　　〕
東　西
西　東
自転の向き
北極
〔⑪　　　〕
〔⑫　　　〕
東　西
西　東
〔⑬　　　〕

5章 天体の1日の動き -2

3 星の1日の動き

① 東・西・南・北の空の星の動き

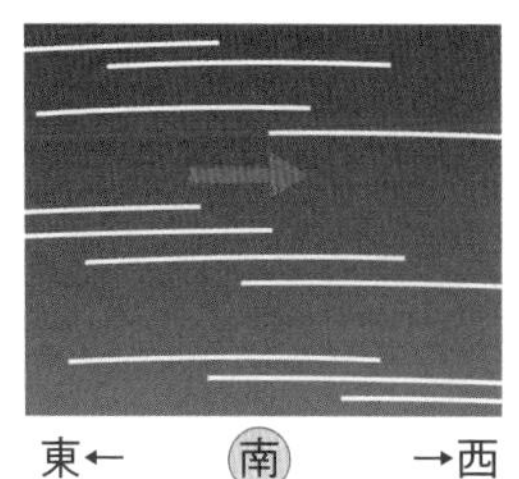

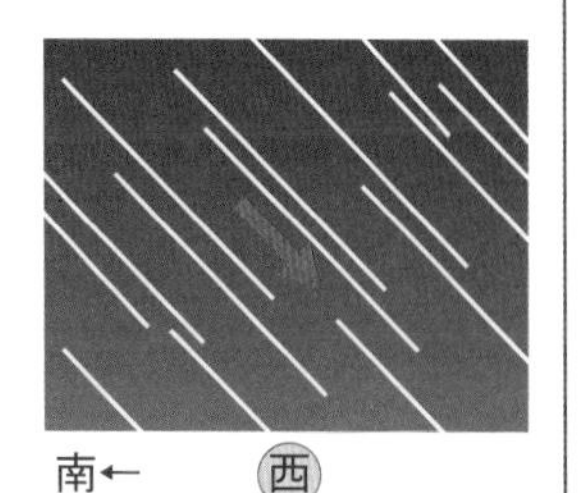

- **東の空の星**…南寄りにのぼる。（右ななめ上。）
- **南の空の星**…東から西へ動く。
- **西の空の星**…北寄りに沈(しず)む。（右ななめ下。）
- **北の空の星**…北極星を中心に反時計回りに回転している。

② 空全体の星の動き

東西南北の空の星の動きをまとめると，右の図のようになる。

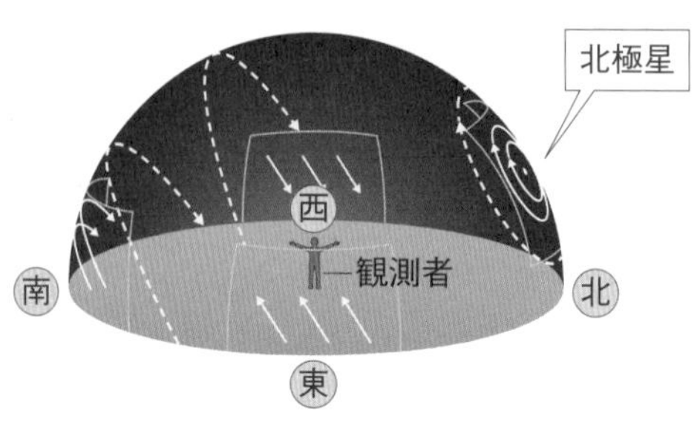

4 星の日周運動と地球の自転

① **星の日周運動**　星が地球のまわりを東から西へ向かって，1日に1回転して見える見かけの動き。（回転の中心は北極星。）

② **地球の自転と星の見え方**　地球が，地軸(ちじく)を軸として1日に1回，西から東へ自転するので，星は東から西へ動いたように見える。（星は，実際には動いていない。）

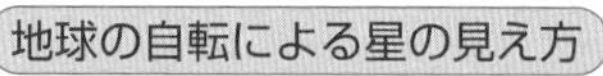

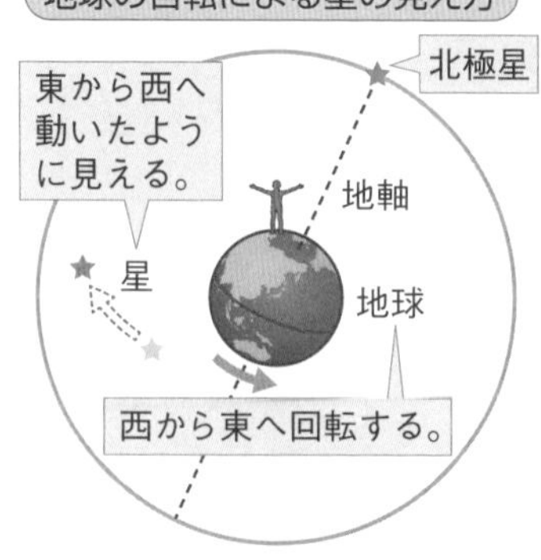

! ミスに注意

星は1日で1回転するので，1時間では，360°÷24＝15°動く。

覚えると得

見かけの運動の例

動いている電車の窓から外の景色を見ると，景色は電車の進行方向とは逆に動いているように見える。

重要 テストに出る

●太陽や星の日周運動は，地球の自転による見かけの動きである。

学習日　　月　　日

左の「学習の要点」を見て答えましょう。

③ 星の１日の動きについて，次の問いに答えなさい。

チェック P.58 ③

(1) 次の文の〔　〕にあてはまることばを書きなさい。

- 東の空の星は，〔①　　　〕寄りに〔②　　　〕。
- 南の空の星は，〔③　　　〕から〔④　　　〕へ動く。
- 西の空の星は，〔⑤　　　〕寄りに〔⑥　　　〕。
- 北の空の星は，〔⑦　　　〕を中心に，〔⑧　　　〕回りに回転している。

(2) 次の図は，どの方角の空の星の動きを表したものか，それぞれ書きなさい。

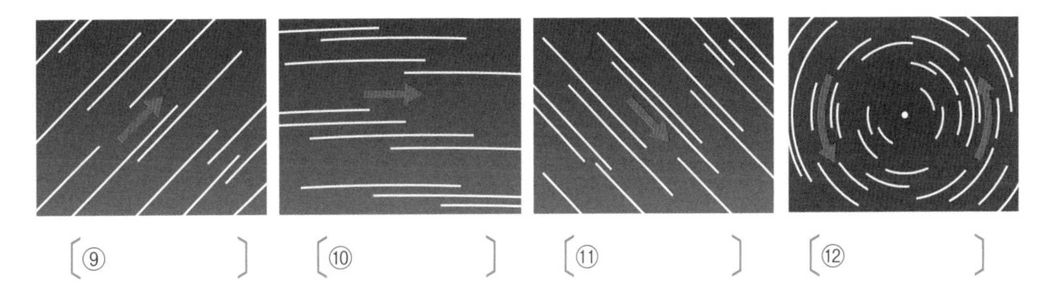

〔⑨　　　〕　〔⑩　　　〕　〔⑪　　　〕　〔⑫　　　〕

④ 星の日周運動について，次の問いに答えなさい。

チェック P.58 ④

(1) 次の文の〔　〕にあてはまることばや数字を書きなさい。

- 星が地球のまわりを〔①　　　〕から〔②　　　〕へ向かって，１日に〔③　　　〕回転して見える〔④　　　〕の動きを，星の日周運動という。
- 星の日周運動は，地球が〔⑤　　　〕から〔⑥　　　〕へ〔⑦　　　〕していることによって起きる。

(2) 右の図の〔　〕にあてはまることばを書きなさい。

地球の自転による星の見え方

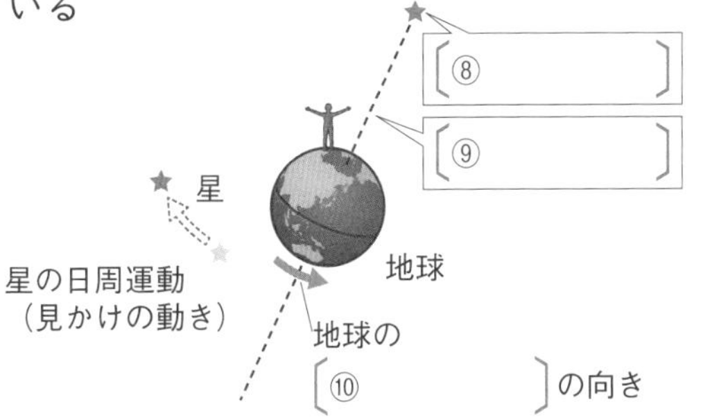

5章 天体の1日の動き

1 右の図は，太陽の日周運動を表している。次の文の〔　〕にあてはまることばを書きなさい。 《チェック P.56❶ (各5点×4 20点)

太陽は，明け方，〔①　　〕の地平線からのぼり，〔②　　〕上を動いて，夕方，〔③　　〕の地平線に沈(しず)むように見える。これを太陽の〔④　　〕という。

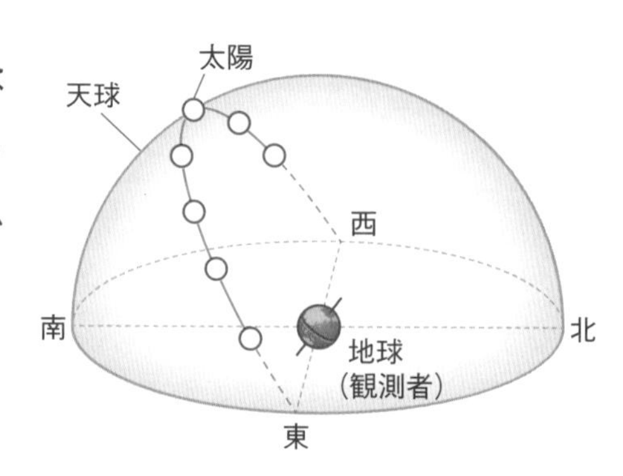

2 右の図は，地球と，地球への太陽の光の当たり方が変わるようすを示している。次の問いに答えなさい。

《チェック P.56❷ (各6点×3 18点)

(1) 図のアのとき，A地点では，太陽の光はどの方位から当たっているか。

〔　　〕

(2) (1)のとき，A地点は，日の出，日の入りのどちらになるか。 〔　　〕

(3) 図のイのとき，A地点では，太陽は真南に見える。このことを太陽の何というか。

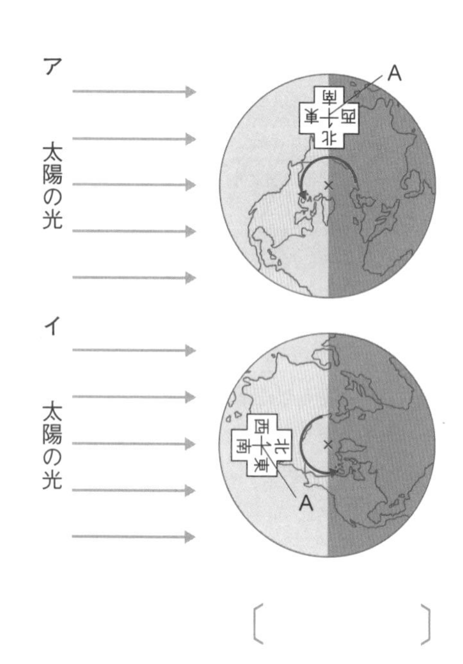

〔　　〕

3 右の図は，天球と太陽の道筋，観測者を表している。図のア～ウにあてはまるものを，下の{　}の中から選んで書きなさい。

《チェック P.56❶ (各6点×3 18点)

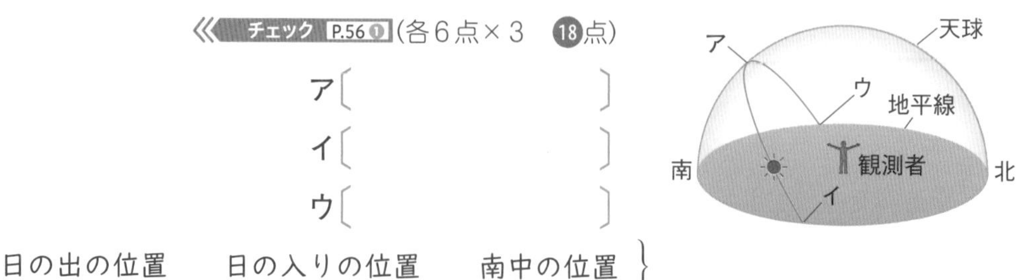

ア〔　　〕

イ〔　　〕

ウ〔　　〕

{ 日の出の位置　日の入りの位置　南中の位置 }

学習日　　月　　日　得点　　点

4 星は，東の地平線からのぼり，南の空を通って，西の地平線に沈む。右の図は，東，南，西の空の30分間の星の動きを示している。図のA～Cは，それぞれ東，南，西のどの空の星の動きか。方位で答えなさい。 チェック P.58 ❸(各6点×3　18点)

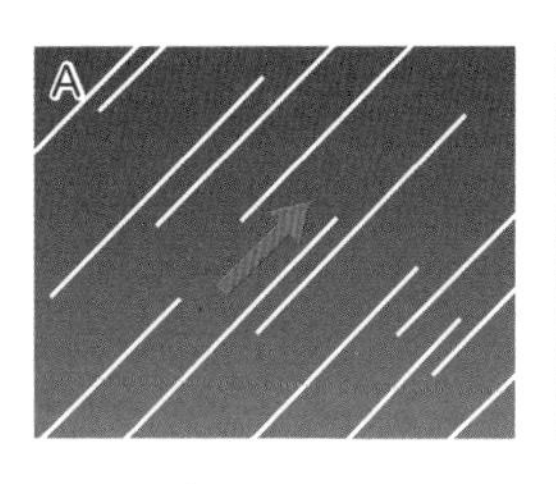

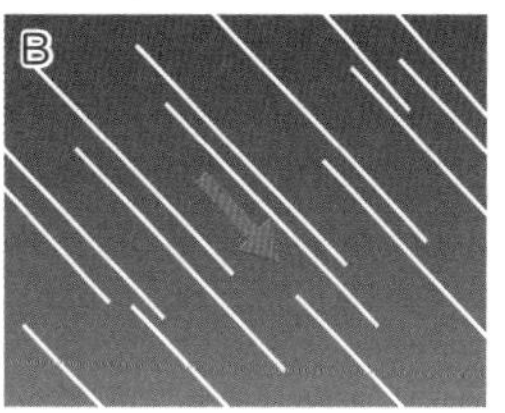

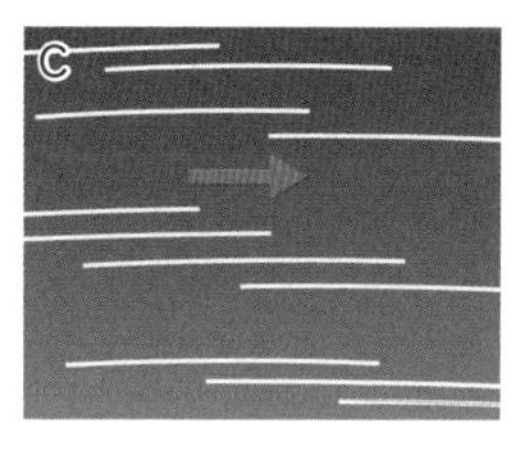

A〔　　　　〕 B〔　　　　〕 C〔　　　　〕

5 右の図は，北極星を中心にして回転する北の空の星の動いたようすを示している。次の問いに答えなさい。 チェック P.58 ❸(各6点×3　18点)

ア
イ
北極星
A←　　北　　→B

(1) A，Bの方位は何か。

A〔　　　　〕 B〔　　　　〕

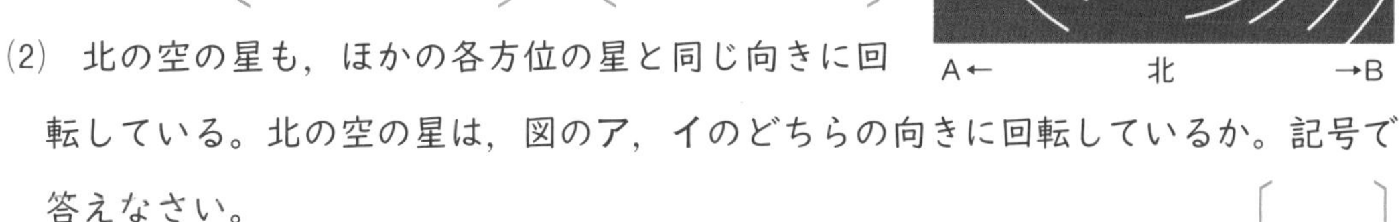
(2) 北の空の星も，ほかの各方位の星と同じ向きに回転している。北の空の星は，図のア，イのどちらの向きに回転しているか。記号で答えなさい。 〔　　〕

6

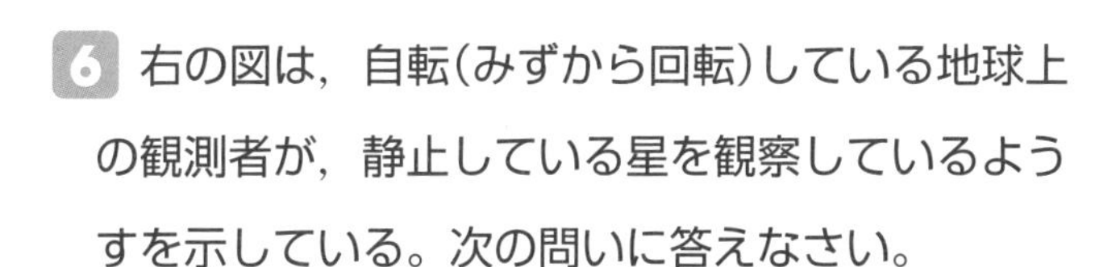
右の図は，自転(みずから回転)している地球上の観測者が，静止している星を観察しているようすを示している。次の問いに答えなさい。

チェック P.58 ❹(各4点×2　8点)

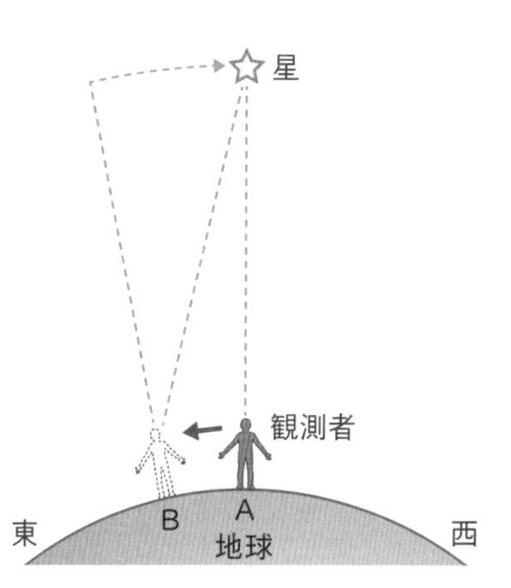

(1) 地球が自転して，観測者がAからBへ動くと，星は，どの方位からどの方位へ動いたことになるか。 〔　　　　〕

(2) 地球は，どの方位からどの方位へ自転しているか。

〔　　　　〕

練習ドリル

5章 天体の1日の動き

1 右の図は，地球の自転と太陽の日周運動のようすを示している。次の問いに答えなさい。　(各6点×4　24点)

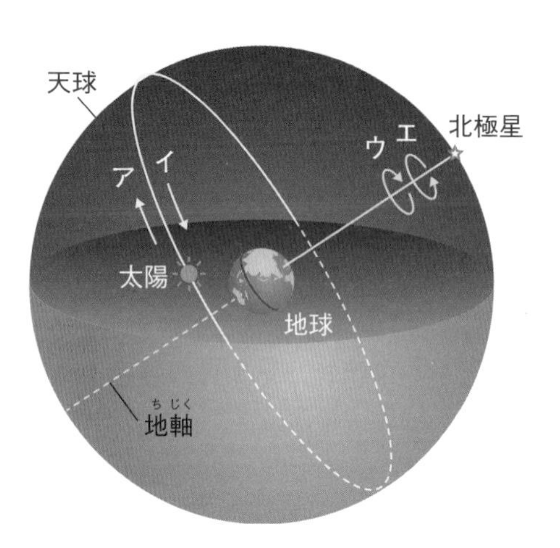

(1) 地球は，図のウ，エのどちらの向きに自転しているか。記号で答えなさい。〔　　〕

(2) 地球は，どの方位からどの方位へ自転しているか。〔　　〕

(3) 地球が(1)で答えた向きに自転すると，太陽は，図のア，イのどちらの向きに動いて見えるか。記号で答えなさい。〔　　〕

(4) 太陽は，どの方位からどの方位へ動いて見えるか。〔　　〕

2 右の図は，地球を北極側から見たときのようすを示している。次の問いに答えなさい。　(各6点×4　24点)

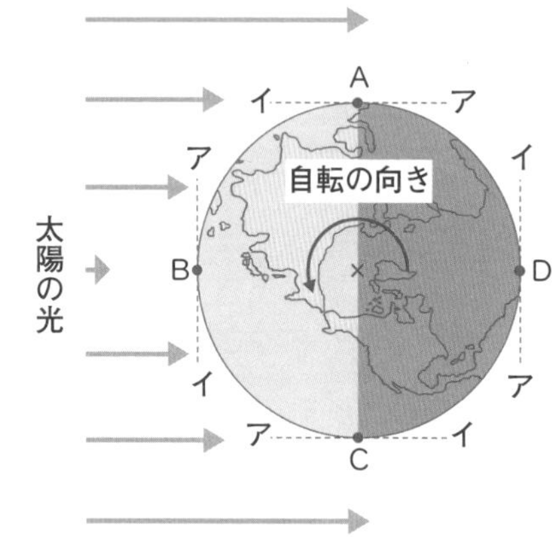

(1) 図のア，イは，それぞれ同じ方位を示している。ア，イの方位を書きなさい。

ア〔　　〕

イ〔　　〕

(2) 太陽が南中しているのは，図のA～Dのどの地点か。記号で答えなさい。〔　　〕

(3) (2)で答えた地点は，6時間後には，図のA～Dのどの位置にくるか。記号で答えなさい。〔　　〕

1 (1)地球を北極側から見ると，反時計回りに自転している。　(3)，(4)地球の自転による，太陽の見かけの動きである。

2 (1)北側から南を向くと，右手が西で左手が東になる。　(3)地球は24時間で，1回，自転している。

学習日 月 日 得点 点

3 右の図は，天球と観測者を示している。次の問いに答えなさい。

(各5点×8 40点)

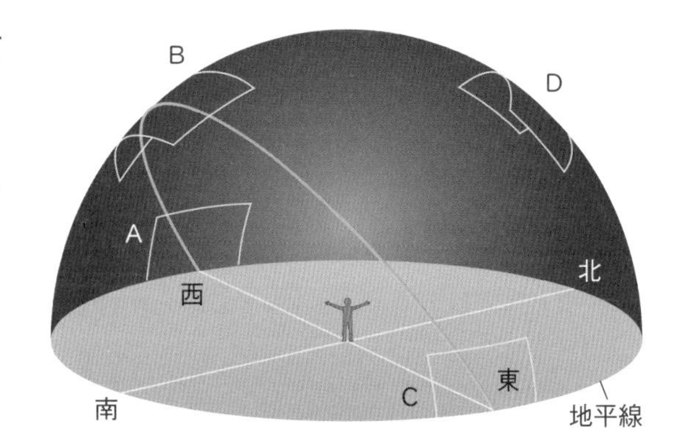

(1) 図のA～Dの空の星の動きを表しているのは，下のア～エのどれか。それぞれ記号で答えなさい。

A〔 〕

B〔 〕

C〔 〕

D〔 〕

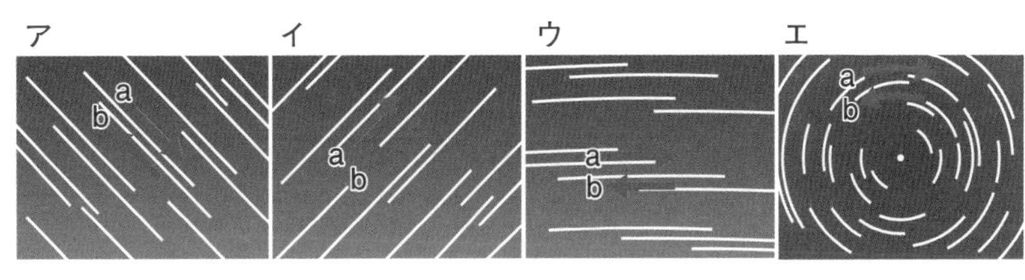

(2) ア～エの星は，それぞれ，a，bのどちらの向きに動いているか。記号で答えなさい。

ア〔 〕 イ〔 〕 ウ〔 〕 エ〔 〕

4 右の図は，1日の星の動きを透明半球(とうめいはんきゅう)上に表したものである。この図を参考に，次の問いに答えなさい。 (各4点×3 12点)

(1) 次の文の〔 〕にあてはまる方位を書きなさい。

空全体の星は，〔① 〕から〔② 〕へ回転して見える。

(2) (1)のような星の1日の動きは，地球の何という運動によって起こる見かけの動きか。 〔 〕

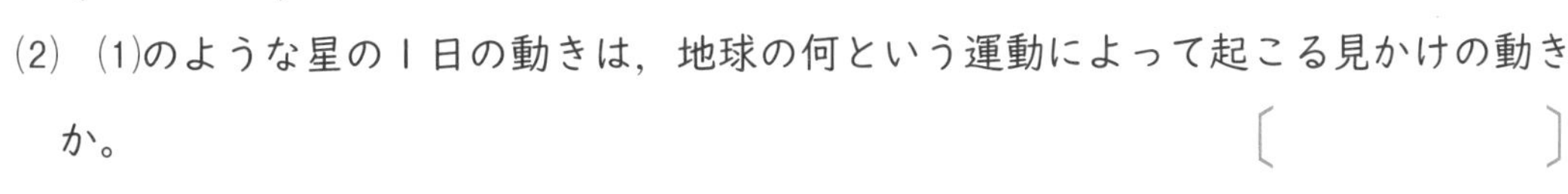

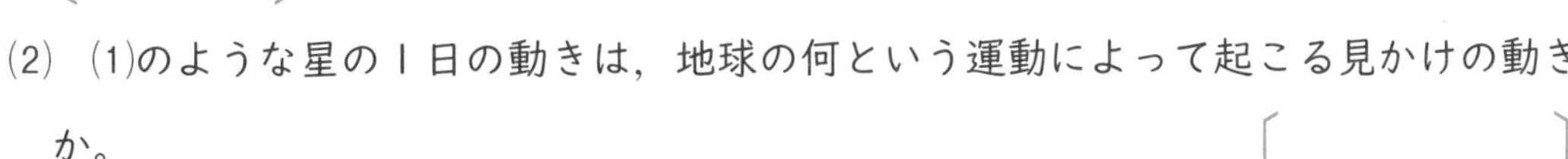

3 (1)Bは南の空，Dは北の空である。(2)東の空の星は右ななめ上の方向，西の空の星は右ななめ下の方向に移動する。

4 各方位の星の動きは，みなちがっているように見えるが，地軸を延長した軸を中心に同じ向きに動いている。

5章 天体の1日の動き

1 右の図は，東京での太陽の位置を，８時から15時まで１時間おきに観察して，透明半球(とうめいはんきゅう)上に印をつけ，なめらかな線で結んだものである。印と印の間の距離(きょり)をはかると，どれも15mmであった。次の問いに答えなさい。　(各８点×３　24点)

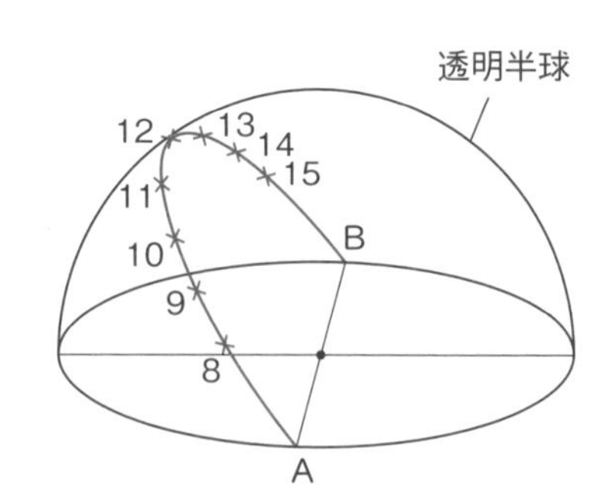

(1)　印と印の間の距離がどれも等しいことから，太陽の動く速さについてどのようなことがわかるか。

〔　　　　　　　　　　〕

(2)　図のＡと８時の印の間の距離をはかると，30mmであった。この日の日の出の時刻を求めなさい。　〔　　　　　〕

(3)　図のＢと15時の印の間の距離をはかると，45mmであった。この日の日の入りの時刻を求めなさい。　〔　　　　　〕

2 右の図は，東京での太陽の道筋を透明半球上に示したものである。次の問いに答えなさい。　(各７点×４　28点)

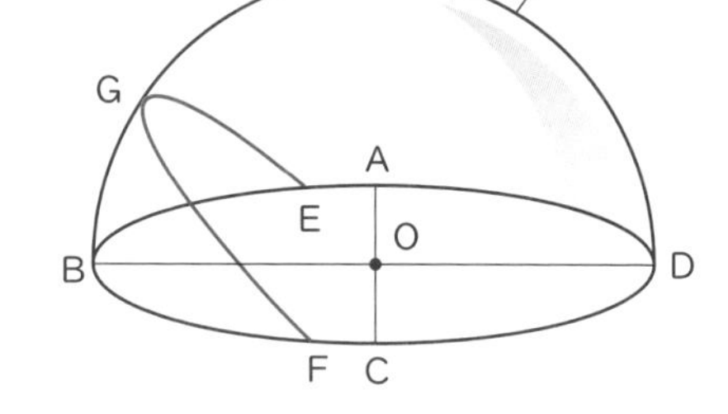

(1)　南を示しているのは，図のＡ～Ｄのどれか。記号で答えなさい。　〔　　　〕

(2)　太陽はどの向きに動いたか。図のＥ，Ｆ，Ｇの記号で答えなさい。

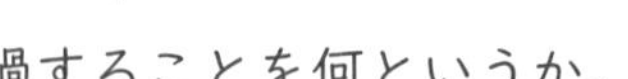
〔　　　→　　　→　　　〕

(3)　太陽などの天体が，天頂より南側で子午線を通過することを何というか。

〔　　　　　〕

(4)　太陽が(3)したときの高度は，どのように表されるか。例にならって，図の記号で答えなさい。　例∠XYZ　〔　　　　　〕

得点UPコーチ

1 (2)透明半球上を太陽は，１時間に15mm動き，30mmは２時間にあたるので，８時の２時間前が，日の出の時刻である。

2 (1)太陽は南の空を通る。　(2)太陽は東からのぼり，西に沈(しず)む。Ｃは東，Ａは西にあたる。　(4)Ｇで南中している。

できた! 中3理科

中学基礎がため100%

教科書との内容対応表

※令和3年度の教科書からは、こちらの対応表を使いましょう。

●この表の左側には、みなさんが使っている教科書の内容を示してあります。右側には、それらに対応する「基礎がため100%」のページを示してあります。

●できた! 中3理科は、「物質・エネルギー」と「生命・地球」の2冊があり、それぞれのページが示してあります。勉強をするときのページ合わせに活用してください。

くもん出版

啓林館
未来へひろがるサイエンス　3

教科書の内容　　基礎がため100%のページ

[生命・地球]

生命　生命の連続性

1章　生物のふえ方と成長……6~25
2章　遺伝の規則性と遺伝子 }……26~37
3章　生物の種類の多様性と進化 }

[生命・地球]

地球　宇宙を観る

1章　地球から宇宙へ……46~55
2章　太陽と恒星の動き……56~75
3章　月と金星の動きと見え方……76~85

[物質・エネルギー]

物質　化学変化とイオン

1章　水溶液とイオン }……76~95
2章　電池とイオン }
3章　酸・アルカリと塩……96~105

[物質・エネルギー]

エネルギー　運動とエネルギー

1章　力の合成と分解……6~19
2章　物体の運動……20~37
3章　仕事とエネルギー……48~67
4章　多様なエネルギーとその移り変わり }…118~127
5章　エネルギー資源とその利用 }

環境　自然と人間

1章　自然界のつり合い
2章　さまざまな物質の利用と人間
3章　科学技術の発展
4章　人間と環境
5章　持続可能な社会をめざして

（1章～5章）[生命・地球]……94~103　[物質・エネルギー]…116~127

東京書籍
新しい科学　3

教科書の内容　　基礎がため100%のページ

[物質・エネルギー]

単元1　化学変化とイオン

第1章　水溶液とイオン……76~95
第2章　酸,アルカリとイオン……96~105
第3章　化学変化と電池……88~95

[生命・地球]

単元2　生命の連続性

第1章　生物の成長と生殖……6~25
第2章　遺伝の規則性と遺伝子 }……26~37
第3章　生物の多様性と進化 }

[物質・エネルギー]

単元3　運動とエネルギー

第1章　物体の運動……20~37
第2章　力のはたらき方……6~19,30~37
第3章　エネルギーと仕事……48~67

[生命・地球]

単元4　地球と宇宙

第1章　地球の運動と天体の動き……56~75
第2章　月と金星の見え方……76~85
第3章　宇宙の広がり……46~55

単元5　地球と私たちの未来のために

第1章　自然のなかの生物 }[生命・地球]…94~103
第2章　自然環境の調査と保全 }
第3章　科学技術と人間 }[物質・エネルギー]…116~127
終章　持続可能な社会をつくるために }

大日本図書
理科の世界　3

教科書の内容　基礎がため100%のページ

［物質・エネルギー］

単元1　運動とエネルギー
1章　力の合成と分解
2章　水中の物体に加わる力　……6～19
3章　物体の運動……20～37
4章　仕事とエネルギー……48～67

［生命・地球］

単元2　生命のつながり
1章　生物の成長とふえ方……6～25
2章　遺伝の規則性と遺伝子
3章　生物の種類の多様性と進化　……26～37

［生命・地球］

単元3　自然界のつながり
1章　生物どうしのつながり
2章　自然界を循環する物質　……94～103

［物質・エネルギー］

単元4　化学変化とイオン
1章　水溶液とイオン
2章　化学変化と電池　……76～95
3章　酸・アルカリとイオン……96～105

［生命・地球］

単元5　地球と宇宙
1章　天体の動き……56～75
2章　月と惑星の運動……76～85
3章　宇宙の中の地球……46～55

単元6　地球の明るい未来のために
1章　自然環境と人間……［生命・地球］96～103
2章　科学技術と人間
終章　これからの私たちのくらし　……［物質・エネルギー］116～127

学校図書
中学校　科学3

教科書の内容　基礎がため100%のページ

［物質・エネルギー］

3−1　運動とエネルギー
第1章　力のつり合い……6～19
第2章　力と運動……20～37
第3章　仕事とエネルギー……48～67

［生命・地球］

3−2　生物どうしのつながり
第1章　生物の成長・生殖……6～25
第2章　遺伝と進化……26～37
第3章　生態系……94～103

［物質・エネルギー］

3−3　化学変化とイオン
第1章　水溶液とイオン……76～95
第2章　酸・アルカリとイオン……96～105
第3章　電池とイオン……88～95

［生命・地球］

3−4　地球と宇宙
第1章　太陽系と宇宙の広がり……46～55
第2章　太陽や星の見かけの動き……56～75
第3章　天体の満ち欠け……76～85

3−5　自然・科学技術と人間
……［物質・エネルギー］116～127
……［生命・地球］96～103

教育出版
自然の探究　中学理科3

教科書の内容　　基礎がため100%のページ

[物質・エネルギー]

単元1　化学変化とイオン

1章　水溶液とイオン……76~95
2章　酸・アルカリとイオン……96~105
3章　電池とイオン……88~95

[生命・地球]

単元2　生命の連続性

1章　生物の成長……6~15
2章　生物の殖え方……16~25
3章　遺伝の規則性
4章　生物の種類の多様性と進化　}……26~37

[生命・地球]

単元3　地球と宇宙

1章　天体の1日の動き……56~65
2章　天体の1年の動き……66~75
3章　月や惑星の動きと見え方……76~85
4章　太陽系と恒星……46~55

[物質・エネルギー]

単元4　運動とエネルギー

1章　力の規則性……6~19
2章　力と運動……20~37
3章　仕事とエネルギー
4章　エネルギーの移り変わり　}……48~67

単元5　自然環境や科学技術と私たちの未来

1章　生物と環境との関わり
2章　自然環境と私たち
3章　自然災害と私たち　}[生命・地球]……94~103
4章　エネルギー資源の利用と私たち
5章　科学技術の発展と私たち
終章　科学技術の利用と自然環境の保全　}[物質・エネルギー]…116~127

学習日　　月　　日　得点　　点

3 右の図は，地球と地球上の観測者，星のようすを示している。次の問いに答えなさい。

(各6点×8　48点)

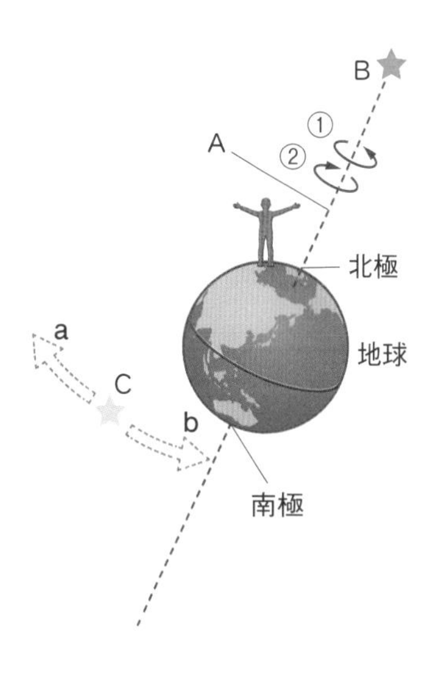

(1) 地球の北極と南極を結ぶ軸Aを何というか。

〔　　　　〕

(2) 軸Aの延長線上にある星Bを何というか。

〔　　　　〕

(3) 星Bは，地球上の観測者から見ると，動いて見えるか，それとも，ほとんど動かないように見えるか。

〔　　　　〕

(4) 地球が軸Aを中心に1日に1回，回転する運動を何というか。

〔　　　　〕

(5) 地球は，①，②のどちらの向きに回転しているか。

〔　　　　〕

(6) 地球が(5)で答えた向きに回転しているとき，星Cは，観測者から見ると，a，bのどちらへ動いて見えるか。

〔　　　　〕

(7) 図の位置から地球が1回転したとき，星Cの見える位置はどうなるか。次のア～ウから選び，記号で答えなさい。

〔　　　　〕

ア　aの方向に動いた位置に見える。

イ　bの方向に動いた位置に見える。

ウ　ほぼ同じ位置に見える。

(8) 地球の(4)による星の見かけの動きを何というか。

〔　　　　〕

得点UPコーチ

3 (3)北の空の星は，北極星を中心にして回っているように見える。　(6)地球は，西から東へ回転しているので，星は，東から西へ動いているように見える。
(7)星は1日たつと，ほぼもとの位置に見える。

6章 天体の1年の動き -1

❶ 星の1年の動き

① 同じ時刻に見える星の位置の変化

- 星は，東から西へ，1日に約1°，1か月に約30°移動して見える。
  - 1年（365日）で約360°移動。
- 星は1年たつと，またもとの位置にもどる。

オリオン座の位置の変化
（いずれも午後8時）

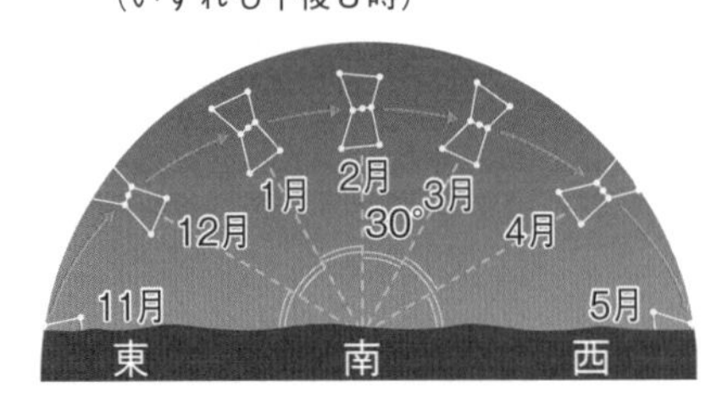

② 星の南中時刻の変化

- 星の南中時刻は，1日に約4分，1か月に約2時間早くなる。
  - 1年（12か月）で約24時間。
- 星は1年たつと，また同じ時刻に南中する。

❷ 地球の公転と星の移り変わり

① 地球の公転

地球は，1日に1回，回転しながら，1年かけて太陽のまわりを1周している。
- 1日に1回，回転…地球の自転
- 1周している…自転の向きと同じ向き。

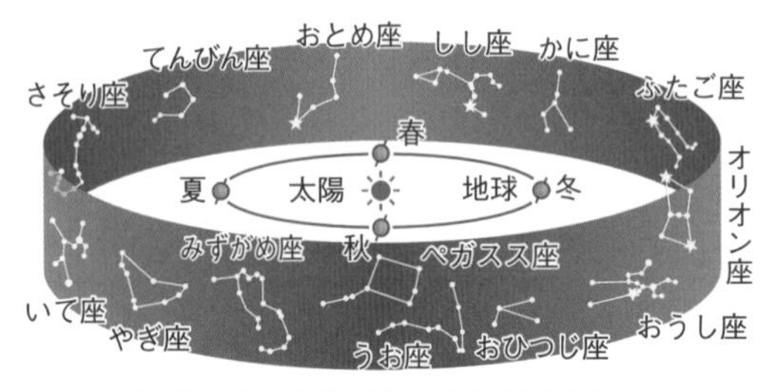

冬には，太陽はさそり座の方向にあり，真夜中にオリオン座やふたご座が見える。

② 星の移り変わり

季節によって見える星座が変化するのは，地球が公転しているためである。このような地球の公転による見かけの動きを，星の年周運動という。
- 真夜中に南中する星座は，太陽と反対方向にある星座である。

❸ 太陽の1年の動き

① 天球（てんきゅう）上の太陽の動き

- 太陽は，星座の間を西から東へ移動していくように見える。
  - 星の動きに注目すると，星は東から西へ移動する。
- 太陽は1年たつと，もとの位置にもどる。
- 地球の公転による見かけの動き（年周運動）である。

② 黄道（こうどう） 天球上の太陽の見かけの通り道。

- 太陽は，黄道付近にある星座の間を移動して見える。

✦覚えると得✦

北の空の星の1年の動き
北極星を中心に，反時計回りに，1か月で約30°移動する。

北斗七星（ほくとしちせい）の位置と変化
（いずれも午後9時）

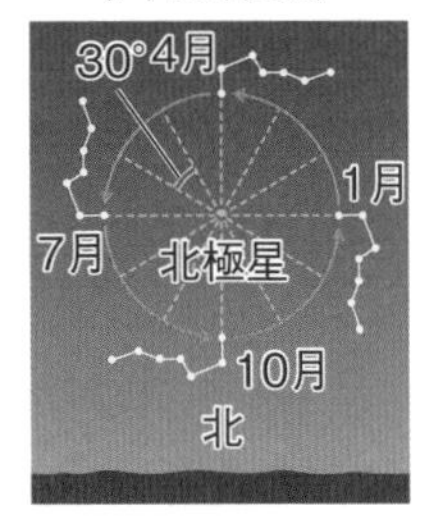

地球の公転の向き
地球を北極の上空から見ると，地球は反時計回りに回るように見える（自転の向きと同じ）。

重要 テストに出る
- 星や太陽の年周運動は，地球の公転による見かけの動きである。

学習日　　月　　日

左の「学習の要点」を見て答えましょう。

① 星の1年の動きについて，次の問いに答えなさい。

チェック P.66 ❶

(1) 次の文の〔　〕にあてはまることばや数字を書きなさい。

- 星は，〔①　　　〕から〔②　　　〕へ，1日に約〔③　　　〕度，1か月に約〔④　　　〕度移動して見える。
- 北の空の星は，〔⑤　　　〕を中心に，〔⑥　　　〕回りに，1か月で約〔⑦　　　〕度移動して見える。
- 星は，〔⑧　　　〕年たつと，またもとの位置にもどる。
- 星の南中時刻は，1日に約〔⑨　　　〕分，1か月に約〔⑩　　　〕時間早くなる。
- 星は，〔⑪　　　〕年たつと，また同じ時刻に南中する。

(2) 右の図の〔　〕にあてはまる数字を書きなさい。

オリオン座の位置の変化
（いずれも午後８時）

〔⑫　　　〕度

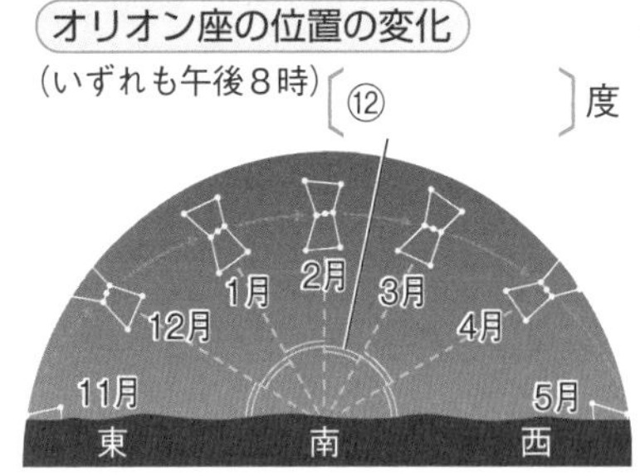

北斗七星の位置と変化
（いずれも午後９時）

〔⑬　　　〕度

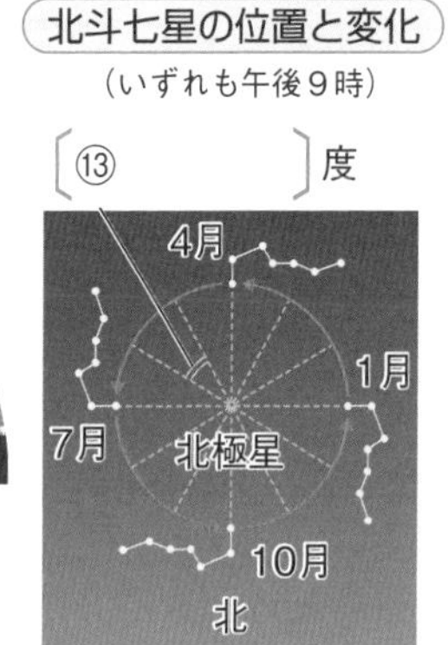

② 地球の公転と星の移り変わりについて，次の〔　〕にあてはまることばや数字を書きなさい。

チェック P.66 ❷

- 地球は1日に〔①　　　〕回，回転しながら，1年かけて太陽のまわりを〔②　　　〕周している。季節によって見える星座が変化するのは，地球が〔③　　　〕のまわりを〔④　　　〕しているからである。

③ 太陽の1年の動きについて，次の〔　〕にあてはまることばや数字を書きなさい。

チェック P.66 ❸

- 太陽は，星座の間を〔①　　　〕から〔②　　　〕へ移動していくように見えるが，〔③　　　〕年たつと，もとの位置にもどる。これは地球の〔④　　　〕による，見かけの動きである。
- 天球上の太陽の見かけの通り道を〔⑤　　　〕という。

6章 天体の1年の動き -2

4 季節による昼の長さと太陽の高度

① **昼の長さの変化**　変化のしかたには規則性がある。

- 昼の長さが最も長い日…夏至の日（6月下旬）
- 昼の長さが最も短い日…冬至の日（12月下旬）
- 昼と夜の長さがほぼ等しい日…春分の日（3月下旬）と秋分の日（9月下旬）
  太陽は真東からのぼり，真西に沈む。

② **太陽の南中高度の変化**

- 南中高度の最も高い日…夏至の日
  東京付近では78.4°
- 南中高度の最も低い日…冬至の日
  東京付近では31.6°

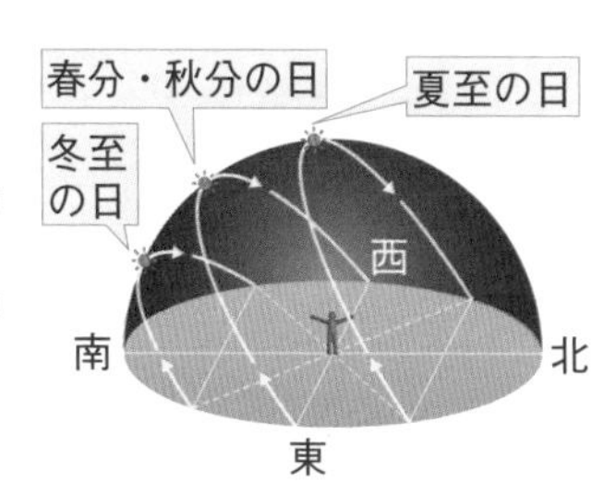

③ **地軸の傾きと南中高度**

地球は公転面に対して，垂直な方向から地軸を約23.4°傾けたまま太陽のまわりを公転しているので，季節により，太陽の南中高度が変化する。

季節による太陽の南中高度(北緯35度：東京付近)

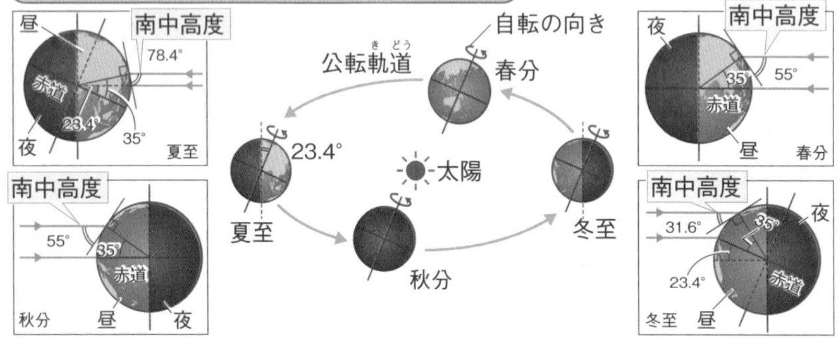

5 地軸の傾きと気温の変化

- 地軸を傾けたまま公転しているため，昼の長さや太陽の南中高度が変化し，地表が受ける日光の量が変化する。
- 地表が受ける日光の量は，昼の長さが長いほど，太陽の南中高度が高いほど多い。
- 日光の量が多いほど，地表があたためられやすく気温が高くなる。
  気温が最も高くなる月は8月ごろ，最も低くなる月は2月ごろ。

覚えると得

昼の長さ
太陽の光を受ける時間で，日の出の時刻から日の入りの時刻までの時間。

太陽の南中高度の求め方
春分・秋分の日の南中高度=90°－観測地点の緯度
夏至の日の南中高度=90°－（観測地点の緯度－23.4°）
冬至の日の南中高度=90°－（観測地点の緯度＋23.4°）

ミスに注意
地球の地軸は，公転面に対して66.6°傾いているが，公転面に対して垂直な方向からは，90°－66.6°=23.4°傾いている。

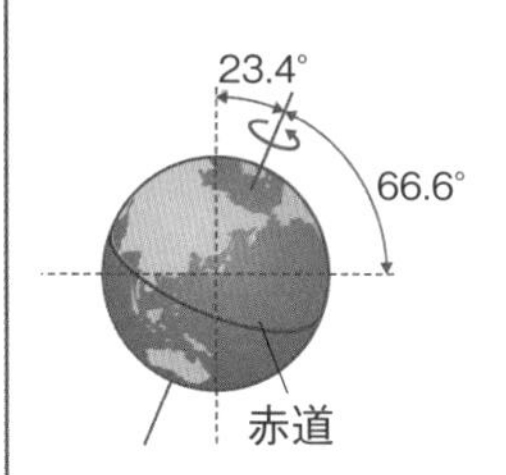

左の「学習の要点」を見て答えましょう。

学習日 月 日

4 季節による昼の長さのちがいについて，次の文の〔　〕にあてはまることばを書きなさい。

チェック P.68 4①

• 昼の長さの変化には規則性がある。昼の長さが最も長いのは〔①　　　〕の日で，最も短いのは〔②　　　〕の日である。〔③　　　〕の日のころと〔④　　　〕の日のころは，昼と夜の長さがほぼ同じになる。

5 地軸の傾きと太陽の高度について，次の問いに答えなさい。

チェック P.68 4②③

(1) 次の文の〔　〕にあてはまることばや数字を書きなさい。

• 太陽の南中高度が最も高いのは〔①　　　〕の日で，最も低いのは〔②　　　〕の日である。

• 地球は地軸を公転面に対して垂直な方向から約〔③　　　〕度傾けたまま，太陽のまわりを公転している。

(2) 右の図は，季節ごとの太陽の1日の動きを透明半球（とうめいはんきゅう）に記録したものである。図の〔　〕に「冬至の日」「春分・秋分の日」「夏至の日」のいずれかを書きなさい。

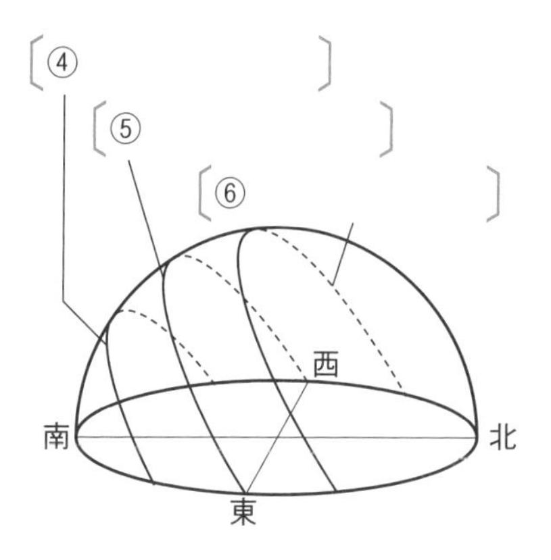

6 地軸の傾きと気温の変化について，次の文の〔　〕にあてはまることばや数字を書きなさい。

チェック P.68 5

• 地球は，地軸を傾けたまま公転しているので，季節によって昼の〔①　　　〕や太陽の〔②　　　〕高度が変化し，その結果，地表が受ける〔③　　　〕の量が変化する。

• 地表が受ける日光の量は，昼の長さが長いほど〔④　　　〕く，太陽の南中高度が高いほど〔⑤　　　〕い。受ける日光の量が多いほど，地表があたためられやすく，気温が〔⑥　　　〕くなる。

6章 天体の1年の動き

1 同じ時刻に見える星座の位置は，日によって少しずつ東から西へ移動し，１年たつともとの位置にもどる。つまり，１年間で360°移動したといえる。下の図は，毎月15日の午後８時に見える，ある星座の位置を示したもので，この星座は，２月15日の午後８時に南中した。次の問いに答えなさい。

チェック P.66 ❶（各５点×８ 40点）

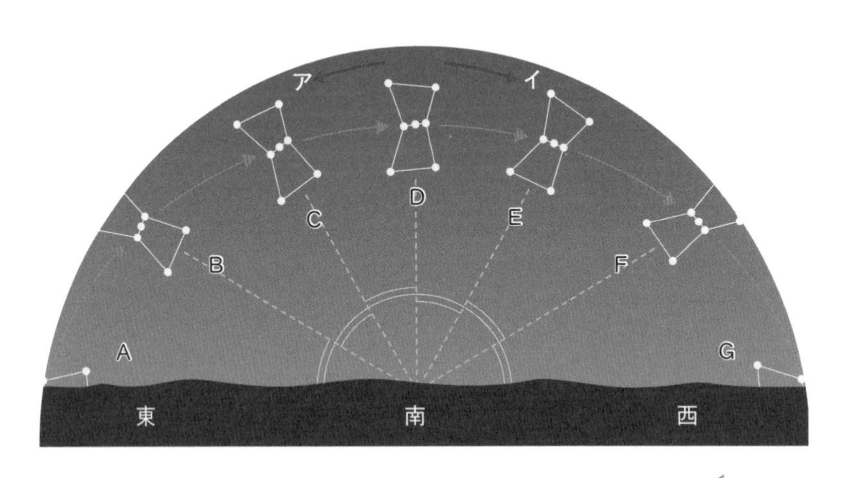

(1) この星座を何というか。〔　　　〕

(2) この星座の２月15日午後８時の位置を，A～Gから選び，記号で答えなさい。〔　　　〕

(3) 時間がたつとともに，この星座は，ア，イのどちらに動くか。〔　　　〕

(4) 同じ時刻に見える星座の位置は，１か月につき約何度移動するか。１年間（12か月）で360°移動することから求めなさい。〔　　　〕

(5) このように同じ時刻に見える星座が，日ごとに位置が変わって見えるのは，地球が何という運動をしているためか。〔　　　〕

(6) 12月15日の午後８時には，この星座はどの位置に見えるか。A～Gから選び，記号で答えなさい。〔　　　〕

(7) 星は１時間に15°の速さで動いて見える。このことから，２月15日の午後６時と午後10時の星座の位置を，それぞれA～Gから選び，記号で答えなさい。

午後６時〔　　　〕　午後10時〔　　　〕

学習日 月 日 得点 点

2 太陽の1日の動きは，季節によって変化する。下の図は，春分・夏至（げし）・秋分・冬至の日の太陽の動きを表している。次の問いに答えなさい。

チェック P.68 ❹ （各10点×4 40点）

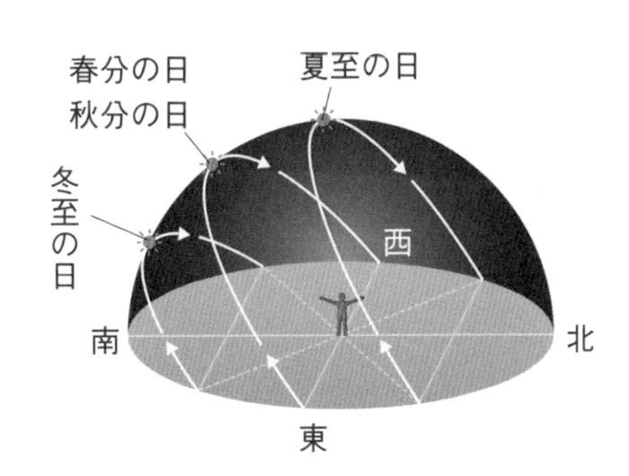

(1) 太陽の南中高度が最も低い日はいつか。図から選んで書きなさい。 〔　　　〕

(2) 太陽が真東からのぼり，真西に沈（しず）む日はいつか。図からすべて選んで書きなさい。 〔　　　〕

(3) 昼が最も長い日はいつか。図から選んで書きなさい。 〔　　　〕

(4) 昼が最も短い日はいつか。図から選んで書きなさい。 〔　　　〕

3 右の図は，地球の1年間の動きと，真夜中に南の空に見られる4つの星座の位置関係を模式的に表したものである。次の問いに答えなさい。

チェック P.66 ❷ （各5点×4 20点）

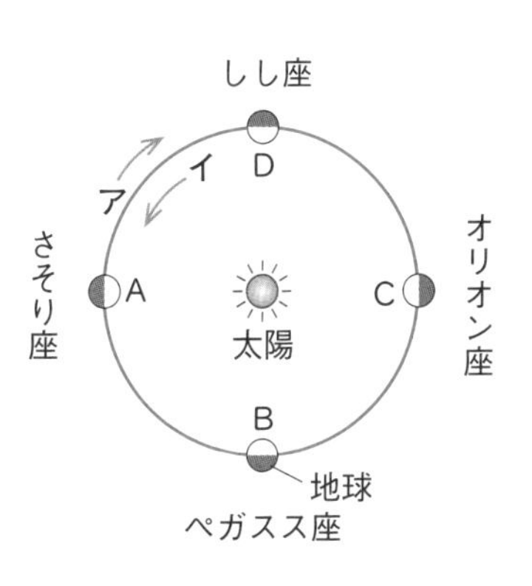

(1) 地球の公転の向きは，ア，イのどちらか。記号で答えなさい。 〔　　　〕

(2) オリオン座を1日中見ることができないときの地球の位置を，A～Dから選び，記号で答えなさい。 〔　　　〕

(3) (2)のときの日本での季節は何か。 〔　　　〕

(4) 夏に見られたさそり座の中を，太陽が通過していくように見えるのは，どの季節か。 〔　　　〕

練習ドリル

単元2 地球と宇宙

6章 天体の1年の動き

1 右の図は，毎月20日の午後８時に見えるさそり座を示したもので，８月20日の午後８時には，さそり座はＣの位置に見えた。次の問いに答えなさい。 （各６点×３ 18点）

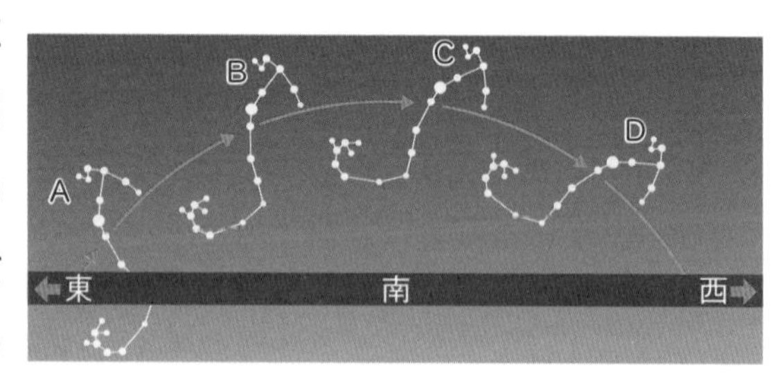

(1) ７月20日の午後８時には，さそり座はどの位置に見えるか。Ａ～Ｄから選び，記号で答えなさい。 〔　　　〕

(2) ９月20日にさそり座がＣの位置に見えるのは，何時ごろか。下の｛　｝の中から選んで書きなさい。 〔　　　　　〕

｛ 午後４時　午後６時　午後８時　午後10時　午後12時 ｝

(3) 星の南中時刻は，１か月ごとに約何時間早くなるか。

〔　　　　　〕

2 右の図は，太陽のまわりを回転する地球の位置と４つの星座の関係を模式的に示している。次の問いに答えなさい。 （各７点×４ 28点）

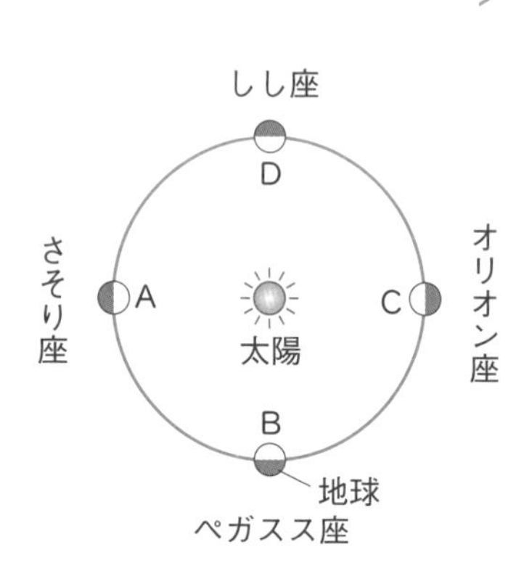

(1) 地球が太陽のまわりを回転することを何というか。

〔　　　　　〕

(2) 日本が春のとき，真夜中にしし座が南中した。このときの地球の位置を，Ａ～Ｄから選び，記号で答えなさい。 〔　　　〕

(3) 日本が冬のときの地球の位置を，Ａ～Ｄから選び，記号で答えなさい。

〔　　　〕

(4) 地球がＢの位置にあるとき，日没（にちぼつ）直後に南の空に見える星座は何か。図の４つの星座の中から選んで書きなさい。 〔　　　　　〕

得点UPコーチ

1 (2)，(3)９月20日午後８時の位置はＤである。ＣからＤまでは約30°で，星は１時間に約15°移動することから考える。

2 (4)Ｂの地球で日没は右の図の・の地点である。

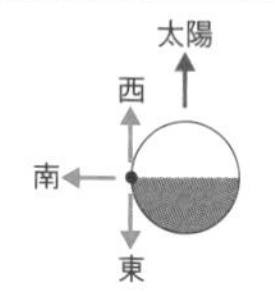

学習日　月　日　得点　点

3 下の図１は，太陽のまわりを地球が公転しているようすを示したものである。また，図２は，日本における，春分・夏至（げし）・秋分・冬至の日の太陽の見かけの動きを示したものである。次の問いに答えなさい。　(各６点×９　54点)

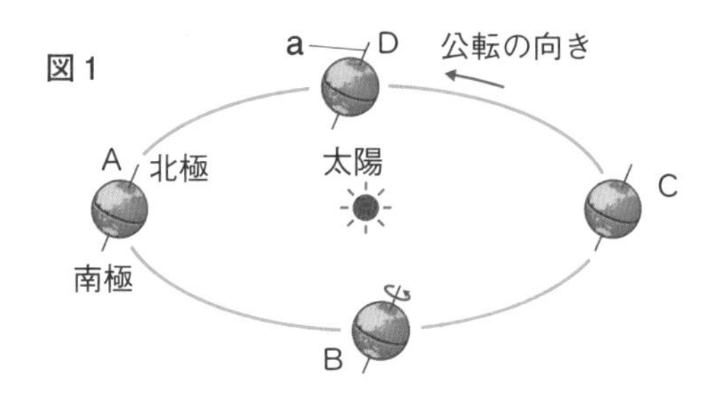

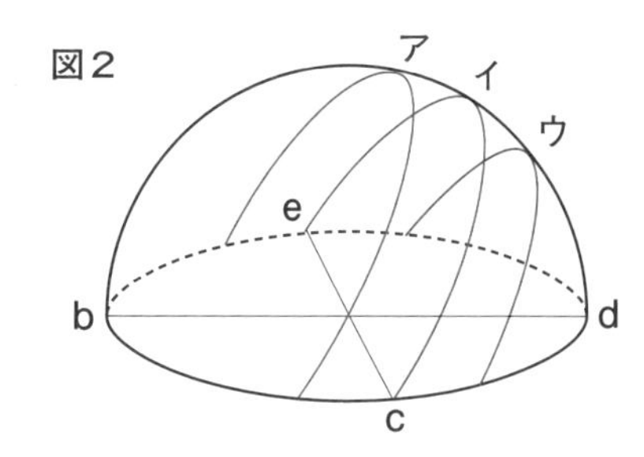

(1) 図１のaの軸（じく）を何というか。〔　　　〕

(2) 地球がAの位置にあるとき，図からわかるように，北極は１日中太陽に照らされている。地球がAの位置にあるときの日本での季節は何か。〔　　　〕

(3) 地球がB，C，Dの位置にあるときの日本での季節は何か。

B〔　　　〕　C〔　　　〕　D〔　　　〕

(4) 地球がAの位置にあるときの日本での太陽の見かけの動きを，図２のア～ウから選び，記号で答えなさい。〔　　　〕

(5) 図２で，真南の方位を示しているものを，b～eから選び，記号で答えなさい。〔　　　〕

(6) 昼の長さと夜の長さがほぼ等しくなるのは，地球が図１のA～Dのどの位置にあるときか。すべて選び，記号で答えなさい。〔　　　〕

(7) 図２のように，季節によって，太陽の見かけの動き(通り道)が変わるのはどうしてか。その理由を簡単に書きなさい。

〔　　　〕

3 (2)太陽は北半球を長く照らしている。(3)地球の公転の向きや地軸の傾（かたむ）いた方向から考える。(4)図２のアは南中高度が最も高く，ウは最も低い。(6)太陽が真東からのぼり真西に沈（しず）む日である。

単元2 地球と宇宙

6章 天体の1年の動き

1 日本のある地点で，午後9時に北斗七星(ほくとしちせい)を観察すると，図のAの位置に見えた。次の問いに答えなさい。 (各6点×4 24点)

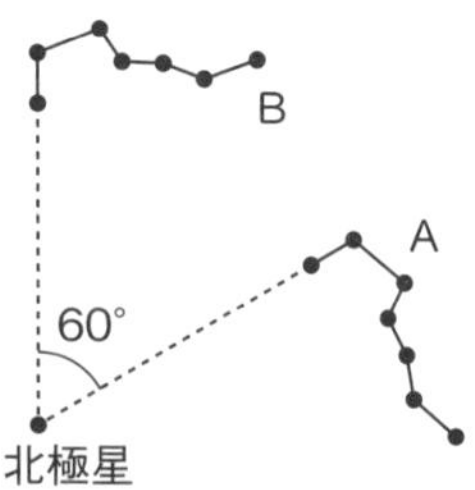

(1) この夜，北斗七星がBの位置に見えるのは何時ごろか。

〔　　　　〕

(2) 午後9時にBの位置に見えるのは，Aの位置に北斗七星を観察した日からおよそ何か月前，または何か月後か。

〔　　　　〕

(3) 次の〔　〕にあてはまることばや数字を書きなさい。

北の空の星は，〔① 　　〕を中心に，1か月に約〔② 　　〕度ずつ反時計回りに動いて見える。

2 右の図のように，黒くぬった試験管に水を入れ，太陽の光の当たる角度を変えて，水の温度変化を調べた。次の問いに答えなさい。 (各6点×6 36点)

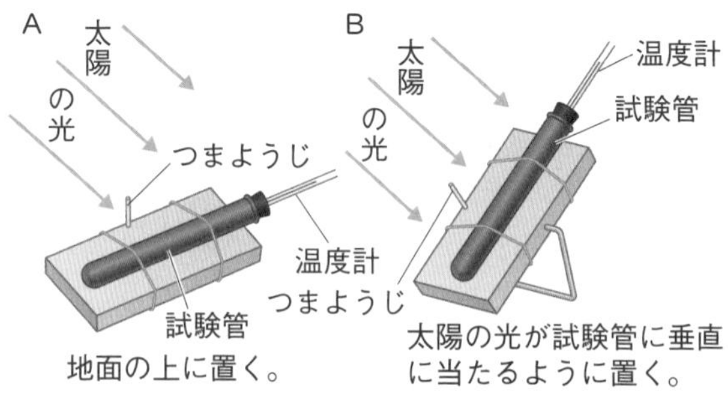

(1) 図のBで，太陽の光が試験管に垂直に当たるようにするには，つまようじの影(かげ)がどのようになるようにして置けばよいか。 〔　　　　〕

(2) 水の温度が高くなるのは，図のA，Bのどちらか。 〔　　〕

(3) 太陽の光が当たる角度が垂直に近いほど，一定面積が一定時間に受ける日光の量は多いか，少ないか。 〔　　　　〕

(4) 次の〔　〕にあてはまることばを書きなさい。

夏は，太陽の南中高度が〔① 　　〕，昼の長さが〔② 　　〕ので，地面に当たる日光の量が〔③ 　　〕なり，気温が高くなる。

1 (1)1時間に約15°反時計回りに動く。AからBまでは60°なので，60°移動するには，何時間かかるかを考える。

2 四季が生じる原因は，地球が地軸(ちじく)を傾(かたむ)けたまま公転するので，太陽の南中高度や昼の長さが変化するからである。

学習日　　月　　日　　得点　　点

3 天球上の太陽の見かけの通り道を黄道という。下の図1は，黄道付近に見られる12の星座を示したもので，☀は，それぞれの月・日の太陽の位置を示したものである。また，図2は，太陽を中心とした地球の1年の動きと星座の位置関係を示したものである。次の問いに答えなさい。　　（各8点×5　40点）

図1

黄道　12月1日　11月1日　10月1日　9月1日　8月1日　7月1日　6月1日　5月1日　4月1日　3月1日　2月1日　1月1日

いて座　さそり座　てんびん座　おとめ座　しし座　かに座　ふたご座　おうし座　おひつじ座　うお座　みずがめ座　やぎ座　いて座

(1)　太陽がいて座近くを通る季節はいつか。春・夏・秋・冬の中から選んで書きなさい。

〔　　　　〕

(2)　(1)のとき，地球からいて座を真夜中に見ることができるか。

〔　　　　〕

(3)　(1)のとき，地球からふたご座を真夜中に見ることはできるか。

〔　　　　〕

図2

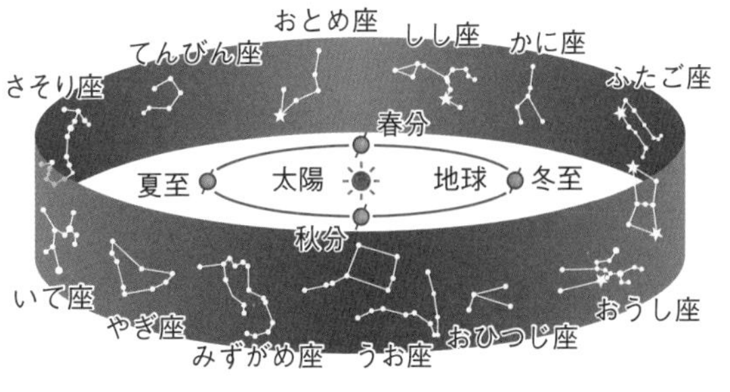

(4)　3月1日に一晩中見ることができる星座は何か。下の｛　｝の中から選んで書きなさい。　〔　　　　〕

｛ みずがめ座　　おうし座　　しし座　　さそり座 ｝

(5)　地球から太陽を見ると，太陽は1年をかけて星座の間を動いているように見える。太陽がこのように動いて見えるのはどうしてか。その理由を簡単に書きなさい。

〔　　　　　　　　〕

3 (3)ふたご座は，いて座の反対側にある星座である。　(4)一晩中見える星座は，地球から見て太陽と反対側にある星座である。　(5)季節によって太陽の位置が変化するのは，地球の運動によるための見かけの動きである。

7章 月と金星の動きと見え方 -1

① 月の動きと見え方

① **月の大きさ**　球形で，直径は約3500km。

- **地球からの距離**…約38万km。

② **太陽と月の見かけの大きさ**　月の直径は約3500kmで，太陽の直径の約$\frac{1}{400}$である。また，地球から月までの距離は約38万kmで，地球から太陽までの距離の約$\frac{1}{400}$である。したがって，地球から見ると，月と太陽はほぼ同じ大きさに見える。

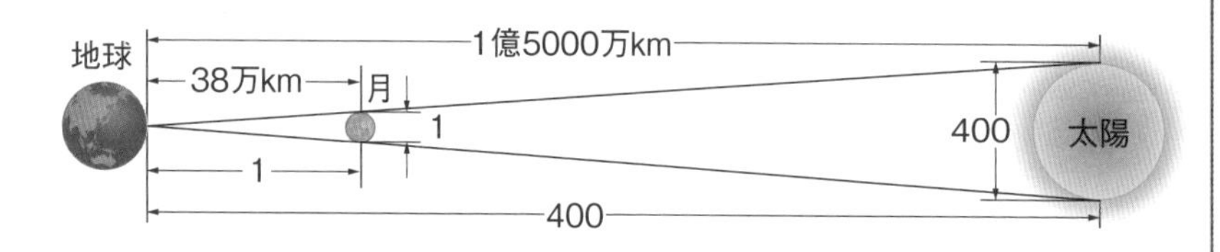

③ **月の満ち欠け**　月は，自ら光を出しているのではなく，太陽の光を反射させながら地球のまわりを公転しているので，満ち欠けして見える。

（月の満ち欠け：新月から次の新月まで，約29.5日かかる。）
（地球のまわりを公転：月が地球のまわりを１回りする間に月自身も１回自転する。）

上
下
半月
（上弦の月）
満月
地球
新月
月
太陽の光
上
下
半月
（下弦の月）

④ **日食と月食**

- **日食**…太陽，月，地球が一直線上に並び，太陽の全体（**皆既日食**）または一部（**部分日食**）が月にかくれて見えなくなる現象。
- **月食**…太陽，地球，月の順に，一直線上に並ぶとき，月が太陽による地球の影に入りこみ，月が欠けて見える現象。

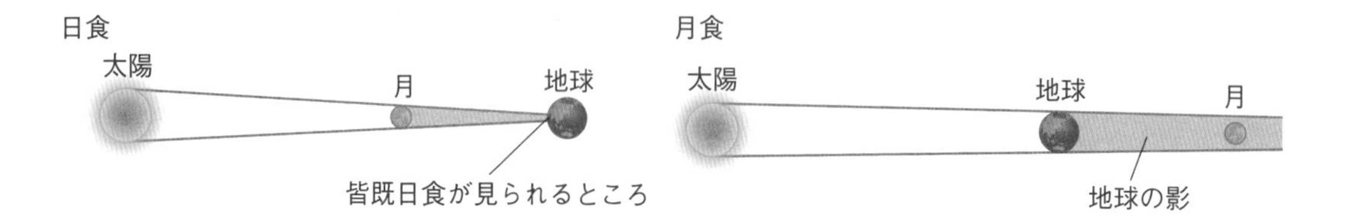

覚えると得

月の見え方と位置

月の見え方が変わるのは，太陽と地球と月の位置関係が，月の公転とともに変わるからである。また，同じ時刻に見た月の位置が，西から東へと移動して見えるのも，月が地球のまわりを公転しているからである。

ミスに注意

月も自転しているが，地球を１回りする間に，１回，自転するので，いつも同じ側が地球に向いている。

左の「学習の要点」を見て答えましょう。

学習日　　月　　日

① 月について，次の文や図の〔　　〕にあてはまることばや数字を書きなさい。

チェック P.76 ①

- 月の形は〔①　　　　〕で，直径は約〔②　　　　〕kmである。
- 月の直径は太陽の約〔③　　　　〕である。また，地球から月までの距離は，地球から太陽までの距離の約〔④　　　　〕である。このため，地球から見ると，月と太陽の大きさはほぼ〔⑤　　　　〕に見える。

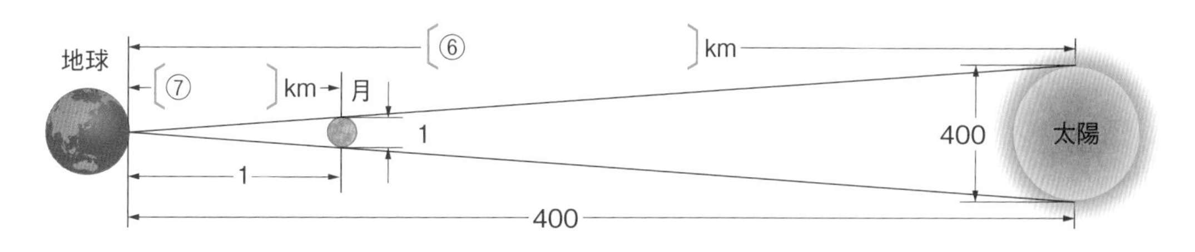

- 月は自ら光を出しているのではなく，〔⑧　　　　〕の光を反射させながら〔⑨　　　　〕のまわりを〔⑩　　　　〕しているので，太陽，地球，月の位置関係が変化することによって，〔⑪　　　　〕して見える。

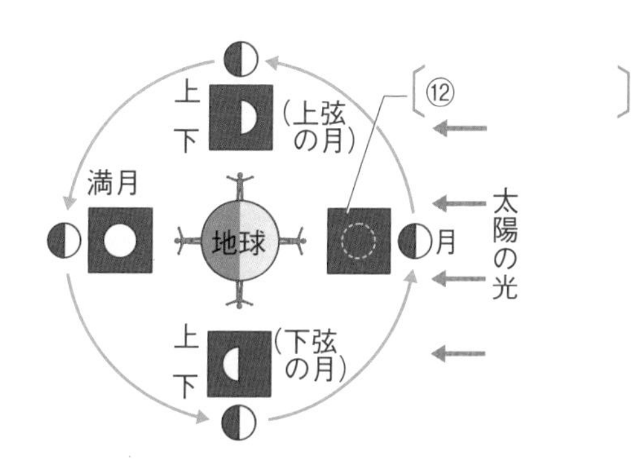

- 太陽，月，地球が一直線上に並び，太陽の全体または一部が月にかくれて見えなくなる現象を〔⑬　　　　〕という。
- 太陽，地球，月の順に，一直線上に並ぶとき，月が太陽による地球の影に入りこみ，月が欠けて見える現象を〔⑭　　　　〕という。

〔⑮　　　　〕のときの太陽，地球，月の位置関係

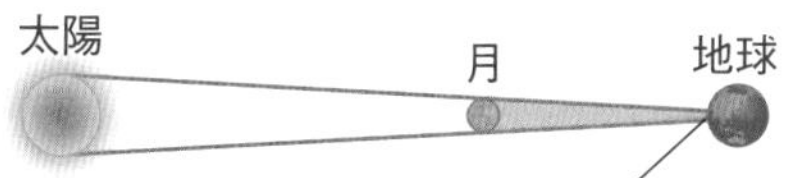

皆既日食が見られるところ

〔⑯　　　　〕のときの太陽，地球，月の位置関係

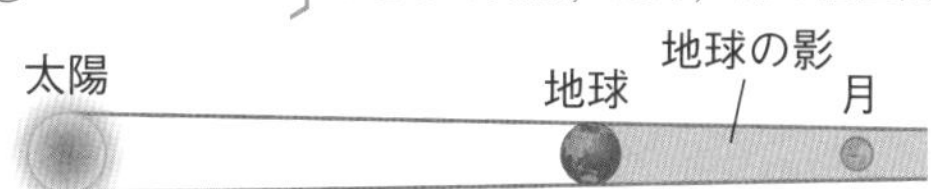

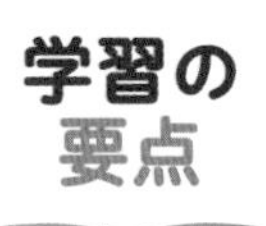

7章 月と金星の動きと見え方 -2

❷ 金星の動きと見え方

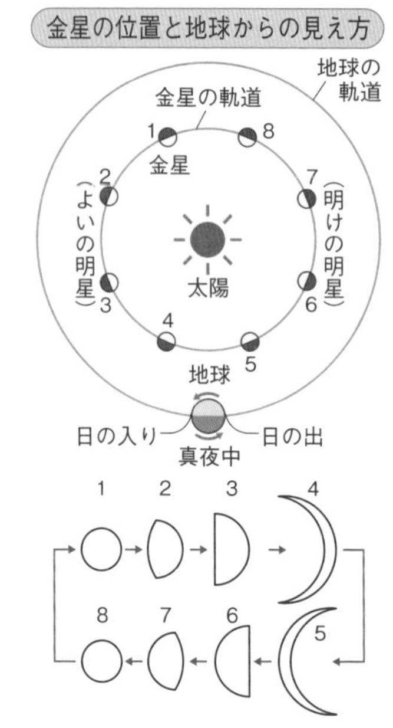

① **金星の動きと見え方** 金星は，地球より内側で太陽のまわりを公転し，地球から見て太陽と反対の方向に位置することがないため，真夜中には見えず，朝夕の限られた時間にのみ見られる。

- **明けの明星**(みょうじょう)…明け方，東の空に見える金星。
- **よいの明星**…夕方，西の空に見える金星。

② **見かけの形と大きさ** 金星が地球から近いほど，大きく欠けて見え，大きさも大きく見える。

- **満ち欠け**…月のように太陽の光を反射してかがやくので，満ち欠けして見える。
- **見かけの大きさ**…地球と金星の間の距離(きょり)が変化するので，見かけの大きさが変わる。

③ **内惑星(ないわくせい)と外惑星(がいわくせい)**

- **内惑星**…地球の公転軌道(きどう)よりも内側を公転する惑星。満ち欠けをし，真夜中に見ることはできない。
  (→水星，金星)
- **外惑星**…地球の公転軌道よりも外側を公転する惑星。ほとんど満ち欠けをせず，真夜中に見ることができる。
  (→火星，木星，土星，天王星，海王星)
- **惑星の運動と見え方**…地球と同様，太陽のまわりを公転している惑星は，公転周期がそれぞれちがうため(→金星は約0.62年。)，地球と惑星の位置関係がつねに変化する。そのため，星座を形づくる恒星(こうせい)の年周運動とはちがい，見かけの動きが複雑となる。

✦覚えると得✦

天体望遠鏡で観察するときの注意

天体望遠鏡で見える像や撮影(さつえい)した写真は，肉眼で見たときの向きと上下左右が逆になる。

惑星の語源

惑星を意味する英語のPlanet（プラネット）は，ギリシャ語の「さまようもの」が語源である。惑星が恒星の間を惑(まど)って移動するということから名づけられた。

基本チェック 左の「学習の要点」を見て答えましょう。

学習日　月　日

② 金星の動きと見え方について，次の問いに答えなさい。

チェック P.78 ②

(1) 次の文の〔　〕にあてはまることばを書きなさい。

- 金星は真夜中に見えることは〔①　　〕。
- 明け方，〔②　　〕の空に見える金星を〔③　　〕という。
- 夕方，〔④　　〕の空に見える金星を〔⑤　　〕という。
- 金星は月のように〔⑥　　〕して見える。
- 地球と金星の間の距離が変化するので，地球から見ると，金星の〔⑦　　〕が変わる。
- 地球の公転軌道よりも内側を公転する惑星を〔⑧　　〕という。⑧は，月のように〔⑨　　〕をする。また，真夜中に見ることが〔⑩　　〕。⑧には，〔⑪　　〕の２つの惑星がある。
- 地球の公転軌道よりも外側を公転する惑星を〔⑫　　〕という。⑫は真夜中に見ることが〔⑬　　〕。⑫には，〔⑭　　〕の５つの惑星がある。

金星の位置と地球からの見え方

(2) 右の図の〔　〕にあてはまることばを書きなさい。

(3) 次の文の〔　〕にあてはまることばを，下の｛　｝の中から選んで書きなさい。

- 右の図のように，金星が動いて見えるのは，金星の〔⑰　　〕周期が地球と異なり，金星と地球の距離と位置関係がつねに変化するためである。
- このような動きは，〔⑱　　〕で見られる。

｛ 公転　自転　内惑星　外惑星　すべての惑星 ｝

7章 月と金星の動きと見え方

1 右の図は，月の満ち欠けと月，太陽，地球の位置関係を示したものである。次の問いに答えなさい。

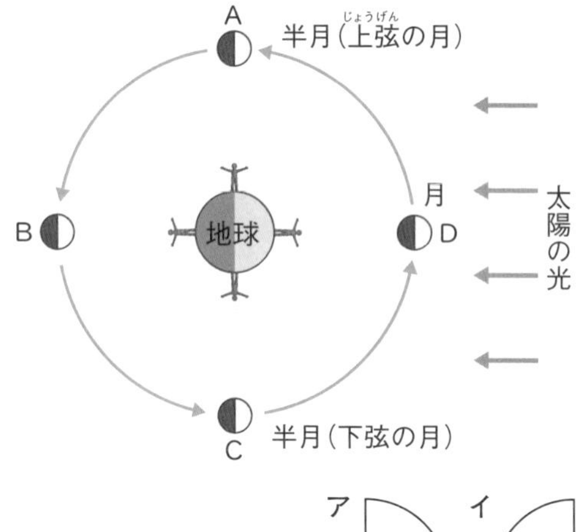

チェック P.76 ❶（各4点×5 20点）

(1) 月は，自ら光を出しているか。

〔　　　　〕

(2) 図のA，Cの半月は，地球から見るとどのように見えるか。右のア，イからそれぞれ選び，記号で答えなさい。

A〔　　〕
C〔　　〕

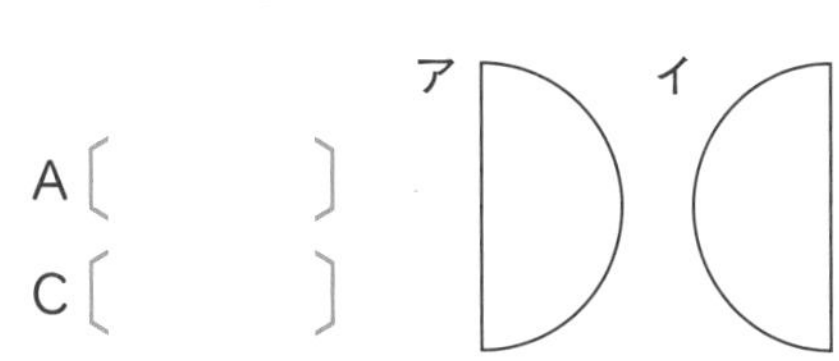

(3) 地球から見たとき，月が見えない（新月）のは，図のB，Dのどちらか。記号で答えなさい。〔　　〕

(4) 満月のとき，月，太陽，地球はどんな順に並ぶか。〔　　〕

2 右の表は，月と太陽の直径と地球からの距離を示している。地球から月と太陽を見ると，見かけの大きさがほぼ同じになることについて，次の問いに答えなさい。ただし，答えは，十の位を四捨五入して求めなさい。

天体	直径〔km〕	地球からの距離〔km〕
月	約3500	約38万
太陽	約140万	約1億5000万

チェック P.76 ❶（各7点×4 28点）

(1) 太陽の直径は，月の直径の約何倍か。〔　　〕

(2) 地球から太陽までの距離は，地球から月までの距離の約何倍か。

〔　　〕

(3) 表を見ながら，次の文の〔　〕にあてはまる数字を書きなさい。

月の直径を1とすると，太陽の直径は〔①　　〕に，地球から月までの距離を1とすると，地球から太陽までの距離は〔②　　〕になり，月と太陽の見かけの大きさがほぼ同じになる。

学習日　　月　　日　得点　　点

3 図１は，太陽・金星・地球の位置関係を，図２は，地球が図１の位置のときの，日の出や日の入りの地点を示したものである。次の問いに答えなさい。

チェック P.78 ❷（各６点×４　24点）

図１

(1)　日の入りのときに見える金星は，**図１**のＡ～Ｆのどの位置にあるときか。すべて選び，記号で答えなさい。〔　　　　〕

(2)　(1)のときの金星は，どの方位に見えるか。東・西・南・北で答えなさい。〔　　　　〕

図２

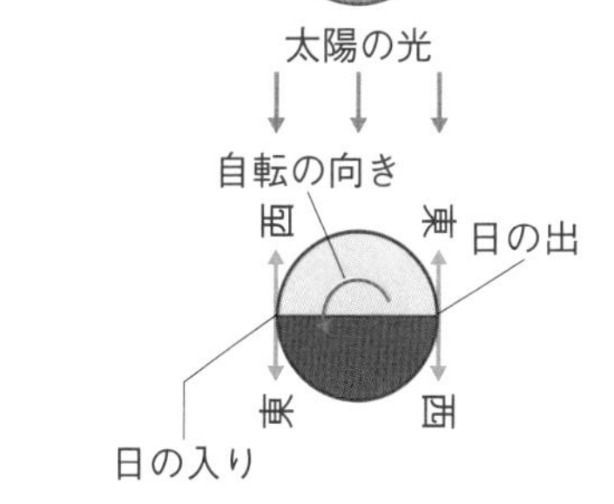

(3)　日の出のときに見える金星は，**図１**のＡ～Ｆのどの位置にあるときか。すべて選び，記号で答えなさい。〔　　　　〕

(4)　(3)のときの金星は，どの方位に見えるか。東・西・南・北で答えなさい。〔　　　　〕

4 図１は，太陽，金星，地球の位置関係を模式的に示したものである。次の問いに答えなさい。

チェック P.78 ❷（各７点×４　28点）

図１

(1)　金星を天体望遠鏡で見ると，**図２**のように見えた。このときの金星の位置を，**図１**のＡ～Ｆから選び，記号で答えなさい。ただし，**図２**の像は，肉眼で見たときと同じ向きに直してある。〔　　　　〕

図２

(2)　地球から金星が見えにくいときは，金星が**図１**のＡ～Ｆのどの位置にあるときか。記号で答えなさい。〔　　　　〕

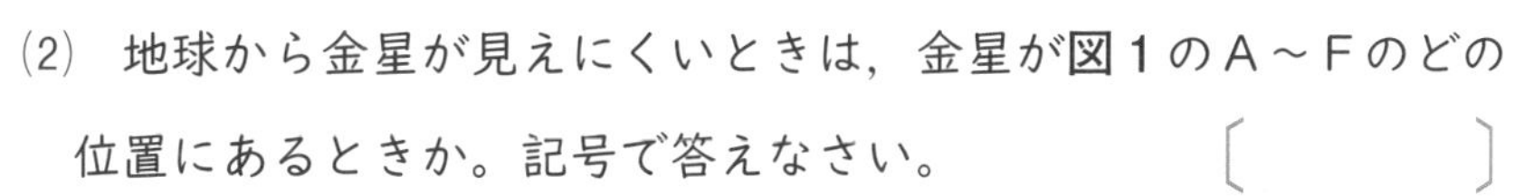

(3)　金星を見ることができないのは，次のア～エのどれを観察したときか。２つ選び，記号で答えなさい。〔　　　　〕〔　　　　〕

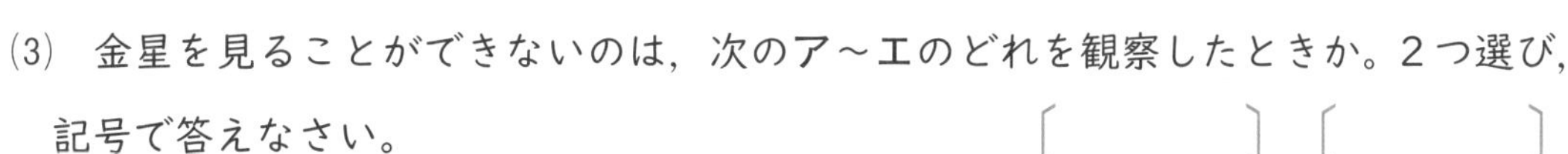

ア　日の出前の東の空　　イ　真夜中の南の空
ウ　日の入り後の西の空　エ　日の入り後の東の空

練習ドリル

単元2 地球と宇宙

7章 月と金星の動きと見え方

1 日食と月食について，次の問いに答えなさい。 (各4点×7 28点)

(1) 次の文は，日食と月食についての説明である。〔　〕にあてはまることばを書きなさい。

日食は，太陽，月，地球が〔①　　　〕上に並び，〔②　　　〕の全体または一部が〔③　　　〕にかくれて見えなくなる現象である。
月食は，月が太陽による〔④　　　〕の影(かげ)に入りこみ，〔⑤　　　〕が欠けて見える現象である。

(2) 日食や月食のとき，月はどのような位置関係にあるか，次のア～ウからそれぞれ選び，記号で答えなさい。　日食〔　　　〕 月食〔　　　〕

2 右の図は，太陽と月，地球の位置関係を示している。次の問いに答えなさい。 (各6点×5 30点)

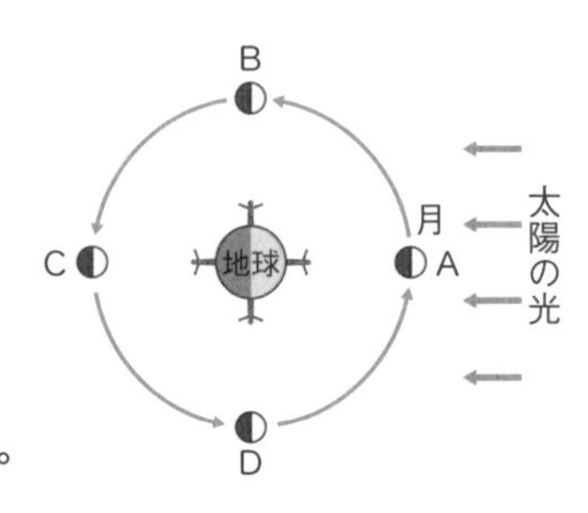

(1) 月がA～Dの位置にあるとき，地球から見える月の形はどのようになるか。下の□の中にかき入れなさい。ただし，月が見えないときは，その月の名称(めいしょう)を書きなさい。

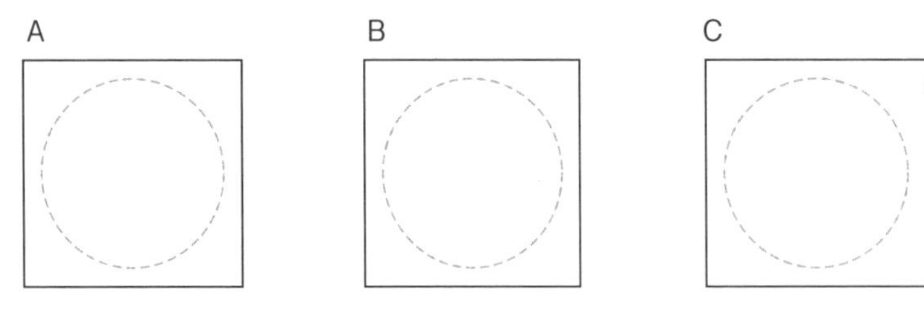

(2) 三日月は，図のA～Dのどことどこの間にきたときに見えるか。記号で答えなさい。

〔　　と　　の間〕

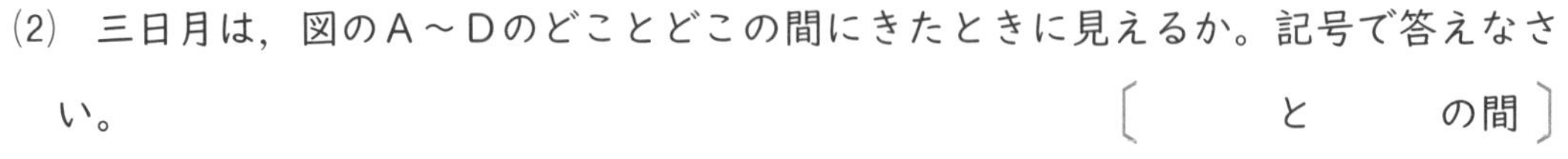

1 (2)地球から見ると，日食は月によって太陽がかくされ，月食は地球の影の中に月が入る。

2 (2)月は次の順に満ち欠けする。
新月→三日月→半月（上弦(じょうげん)の月）→満月→半月（下弦の月）→新月

学習日　　月　　日　得点　　点

3 金星は，自ら光を出さず，太陽の光を反射してかがやいているので，月と同じように満ち欠けをする。図１は，太陽・金星・地球の位置関係を示したもので，図２は，金星の満ち欠けのようすを示したものである。次の問いに答えなさい。

（各７点×６　42点）

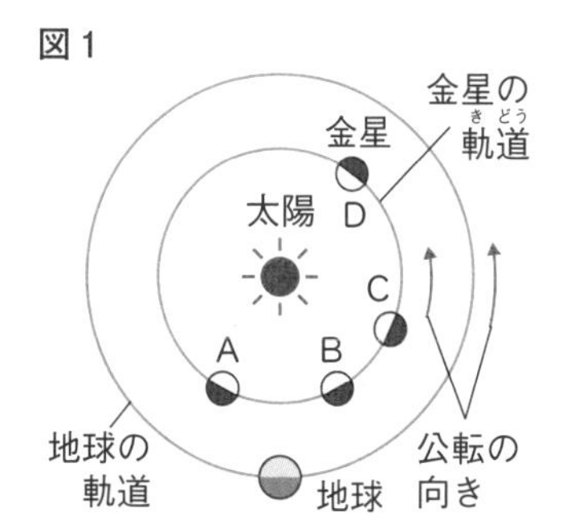

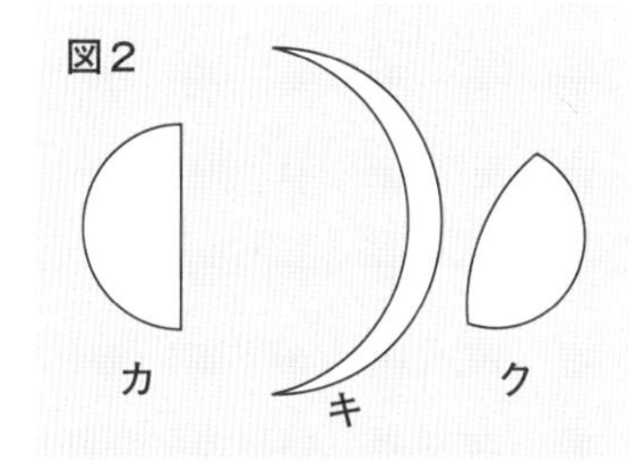

(1) 金星が図１のＡの位置にあるとき，金星はいつごろどの方向に見えるか。次のア～エから選び，記号で答えなさい。〔　　　〕

ア　明け方，東の空　　イ　明け方，西の空
ウ　夕方，東の空　　エ　夕方，西の空

(2) 金星の満ち欠けは，太陽に向いている側がかがやいて見え，地球に近づくほど欠けて見える。金星が図１のＡの位置にあるとき，肉眼ではどのような形で見えるか。図２のカ～クから選び，記号で答えなさい。〔　　　〕

(3) 金星と地球の距離は，図１からもわかるように大きく変化する。このことから，金星の見え方が，月の見え方と大きく異なることがある。それは何か。簡単に書きなさい。

〔　　　〕

(4) 金星が最も小さく見えるのは，図１のＡ～Ｄのどの位置にあるときか。記号で答えなさい。〔　　　〕

(5) 金星を真夜中に見ることができるか，できないか。

〔　　　〕

(6) (5)で答えた理由を簡単に書きなさい。

〔　　　〕

3 (2)太陽の左側の地球の近くに金星がある。(3)地球と月の距離は，ほとんど変化しない。(4)金星が地球から離れるにつれて，金星は小さく見える。(5)真夜中に見えるのは，地球より外側を公転する惑星である。

7章 月と金星の動きと見え方

1 右の図1は，金星・地球・火星の位置関係を示したものである。次の問いに答えなさい。

（各7点×8 56点）

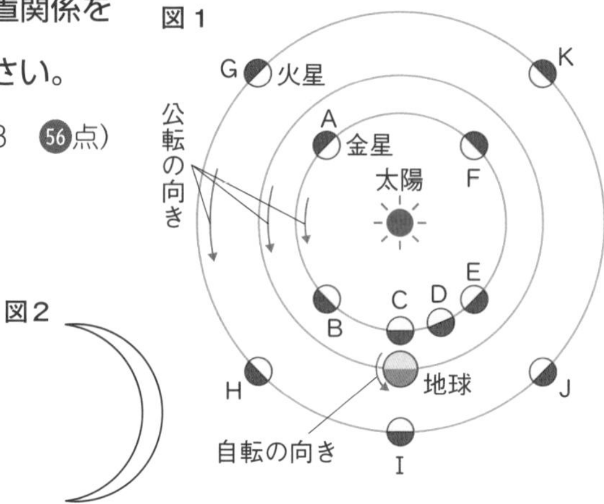

(1) 天体望遠鏡で金星を見ると，**図2**のように見えた。このとき，金星は**図1**のA～Fのどの位置にあるか。記号で答えなさい。ただし，天体望遠鏡で見える像は，上下左右が逆になっている。〔　　〕

図2

(2) 金星が地球から見えにくいのは，金星が**図1**のA～Fのどの位置にあるときか。記号で答えなさい。〔　　〕

(3) 金星は，真夜中に見ることができるか。

〔　　〕

(4) 日没（にちぼつ）後，南の空に火星が見えるとき，火星は**図1**のG～Kのどの位置にあるか。記号で答えなさい。〔　　〕

(5) 火星は，真夜中に見ることができるか。

〔　　〕

(6) 火星は，約2年2か月の周期で地球に大接近する。このとき，火星は**図1**のG～Kのどの位置にあるか。記号で答えなさい。〔　　〕

(7) 金星と火星の観測を続けると，次のA，Bが見られた。それぞれ下のア～ウのどれにあてはまるか。1つずつ選び，記号で答えなさい。

A　見かけの大きさや明るさが変化した。〔　　〕

B　満ち欠けのようすが大きく変化した。〔　　〕

ア　金星だけ　　イ　火星だけ　　ウ　金星・火星の両方

得点UPコーチ

1 (1)実際の金星は，左側のほんの一部がかがやいて見える。　(3)内惑星（ないわくせい）は真夜中に見えない。　(4)地球の自転の向きと太陽の位置から日没の地点を見つける。　(7)見かけの大きさや明るさの変化は，地球との距離（きょり）のちがいにより生じる。

学習日　　月　　日　得点　　点

2 右の図は，ある年の９月末から12月末までの地球の位置($E_1 \rightarrow E_2 \rightarrow E_3 \rightarrow E_4$)と，それに対応する金星の位置($V_1 \rightarrow V_2 \rightarrow V_3 \rightarrow V_4$)を表したものである。次の問いに答えなさい。　(各10点×３　30点)

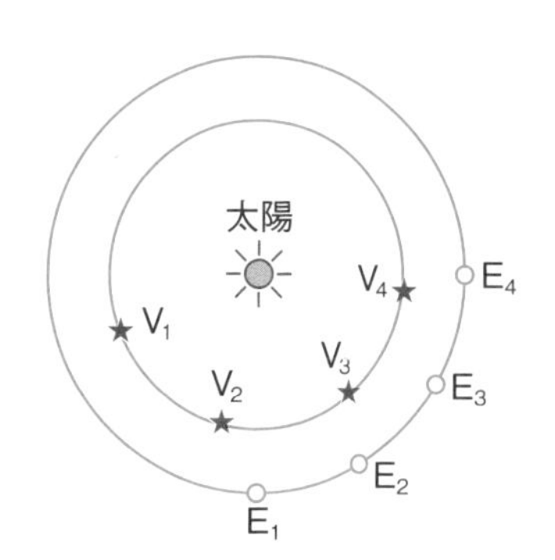

(1) この期間中の金星を天体望遠鏡で見たとき，その形・大きさはどう変化するか。模式的に示した次のア～カから選び，記号で答えなさい。〔　　　〕

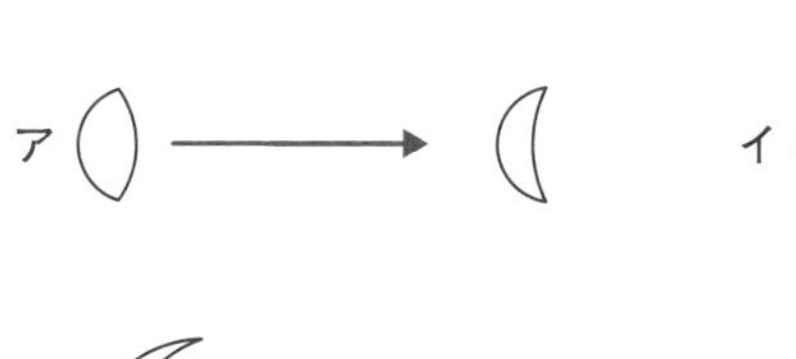

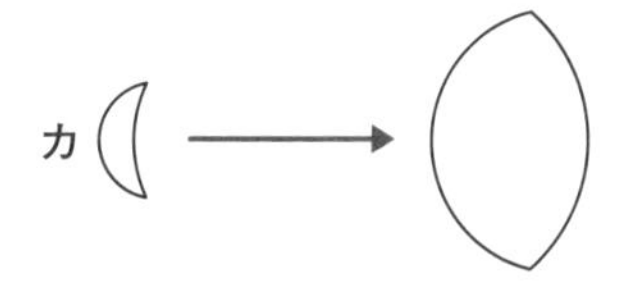

ア　イ　ウ　エ　オ　カ

(2) この期間中で，金星が西の空に沈(しず)む時刻が最も早くなるのは，どの位置のときか。V_1～V_4から選び，記号で答えなさい。〔　　　〕

(3) この期間中で，金星が見えるのは夕方か明け方か。〔　　　〕

3 右の図について，次の問いに答えなさい。　(各７点×２　14点)

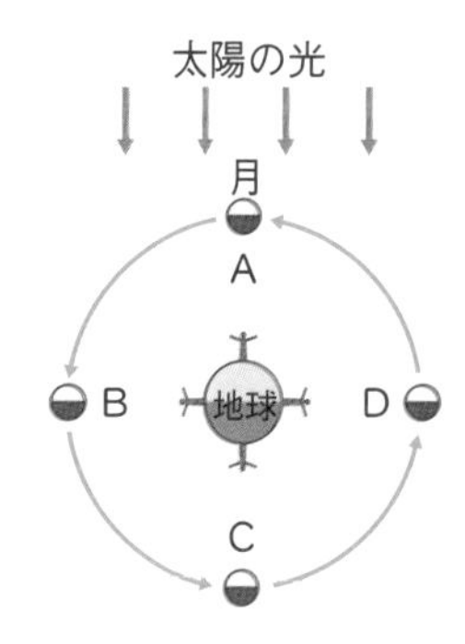

(1) 半月(下弦(かげん)の月)は，月がＡ～Ｄのどの位置にあるときに見られるか。記号で答えなさい。〔　　　〕

(2) 満月は，月がＡ～Ｄのどの位置にあるときに見られるか。記号で答えなさい。〔　　　〕

2 (1)金星－太陽－地球のなす角度が小さいほど，欠け方が大きい。
(2)金星が太陽の左側にあるとき，地球に近いほど，沈む時刻は早い。

3 (1)下弦の月は，満月をすぎて，左半分がかがやいて見える半月である。

まとめのドリル

単元2

地球と宇宙

1 右の図は，東京での太陽の位置を一定時間ごとに観察して，透明半球上に印をつけ，なめらかな線で結んだものである。次の問いに答えなさい。　（各6点×8　48点）

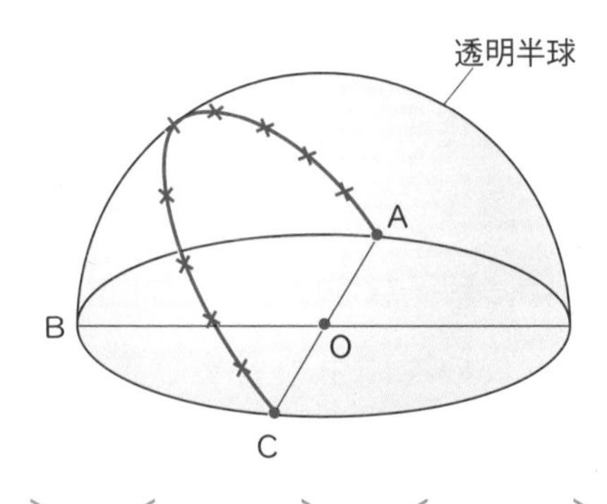

(1)　図のOを観測者（地球）の位置とすると，透明半球は何にあたるか。〔　　　〕

(2)　図のA～Cの方位を書きなさい。　A〔　　　〕　B〔　　　〕　C〔　　　〕

(3)　図のA，Cは，それぞれ太陽のどんな位置を表しているか。

A〔　　　〕　C〔　　　〕

(4)　印と印の間の距離はどれも等しかった。このことから，地球の動きについて，どんなことがわかるか。〔　　　〕

(5)　この観察を行った日を，次のア～ウから選び，記号で答えなさい。〔　　　〕

ア　夏至　　イ　冬至　　ウ　春分または秋分

2 右の図は，太陽のまわりを公転する地球と，天球上の太陽の通り道付近の星座を示している。4月のある日に，東京の真夜中（24時）におとめ座が南中した。次の問いに答えなさい。

（各6点×4　24点）

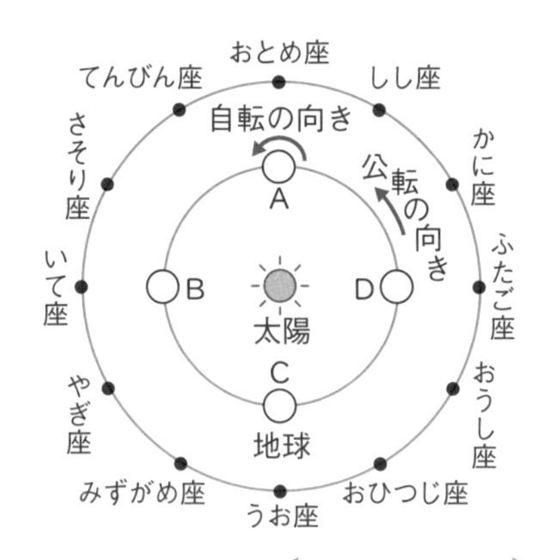

(1)　天球上の太陽の通り道を何というか。

〔　　　〕

(2)　このときの地球の位置を，A～Dから選び，記号で答えなさい。〔　　　〕

(3)　地球がBの位置にあるとき，おとめ座は真夜中にはどの方位の空に見えると考えられるか。

〔　　　〕

1 (2)太陽は東の地平線からのぼり，西の地平線に沈む。

(3)A，Cは，印を結んだ線を延長して，透明半球のふちと交わったところである。

(4)　9か月後の1月に，東京で18時ごろに南中する星座を，下の{　}の中から選んで書きなさい。　〔　　　　〕

{ いて座　うお座　ふたご座　おとめ座 }

3 地球から見たときの月や太陽の大きさや，日食と月食について，次の問いに答えなさい。

(各7点×4　28点)

(1)　地球から見ると，月と太陽の大きさはどのように見えるか。次のア～ウから選び，記号で答えなさい。　〔　　　〕

ア　太陽のほうが大きく見える。

イ　月のほうが大きく見える。

ウ　どちらもほぼ同じ大きさに見える。

(2)　(1)のように見える理由を簡単に書きなさい。

〔　　　　　　　　　　　　　　　　　〕

(3)　地球から見たときの月と太陽の見かけの大きさが，(1)のようであるために起こる現象を，次のア～ウから選び，記号で答えなさい。　〔　　　〕

ア　皆既(かいき)日食のときコロナが見える。

イ　月食が満月のときに起こる。

ウ　日食は，皆既日食のときと部分日食のときがある。

(4)　ふだんの月の満ち欠けと，月食のときの月の満ち欠けについて正しいものを，次のア～ウから選び，記号で答えなさい。　〔　　　〕

	ふだんの月の満ち欠け	月食のときの月の満ち欠け
ア	月に光が当たらなくなって起きる。	月に光が当たっている部分の見え方が変わって起きる。
イ	月に光が当たっている部分の見え方が変わって起きる。	月に光が当たらなくなって起きる。
ウ	月に光が当たらなくなって起きる。	月に光が当たらなくなって起きる。

2 (4)4月の地球の位置はAなので，9か月後の地球の位置はDである。

3 (2)月と太陽の直径の比と，地球から月までの距離と地球から太陽までの距離の比はほぼ等しい。

定期テスト対策問題(3)

1 長時間露出(ろしゅつ)をして，東，西，南，北の空の星を撮影(さつえい)した。図は写真をもとに星の動きを示したものである。次の問いに答えなさい。

(各3点×10　30点)

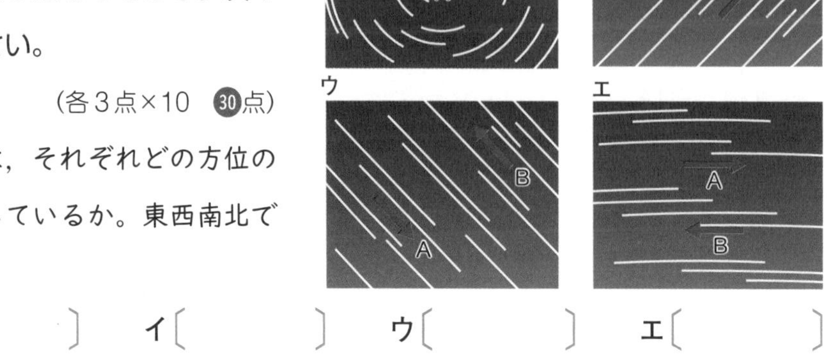

(1) 図のア～エは，それぞれどの方位の星の動きを表しているか。東西南北で答えなさい。

ア〔　　　　〕　イ〔　　　　〕　ウ〔　　　　〕　エ〔　　　　〕

(2) 各方位の空の星は，A，Bのどちらの向きに動いたか。記号で答えなさい。

ア〔　　　　〕　イ〔　　　　〕　ウ〔　　　　〕　エ〔　　　　〕

(3) 図アの星は，星Xを中心にして回転しているように見える。星Xを何というか。

〔　　　　〕

(4) 図のように，星が動いて見える見かけの運動のことを，何というか。

〔　　　　〕

2 右の図は，ある日の東京での太陽の位置を，一定時間ごとに観察して，透明半球(とうめいはんきゅう)上に印をつけ，なめらかな線で結んだものである。次の問いに答えなさい。

(各6点×5　30点)

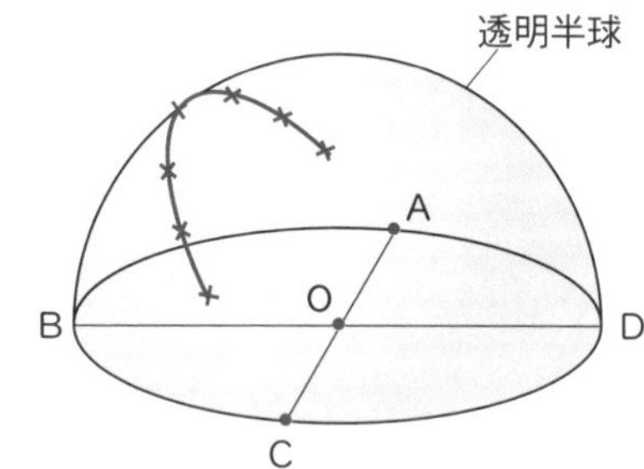

(1) 透明半球上に太陽の位置を記録するとき，ペンの先の影(かげ)は，図のどの位置にくるようにするか。記号で答えなさい。〔　　　　〕

(2) 図のA～Dで，南はどの位置にあたるか。記号で答えなさい。〔　　　　〕

(3) 日の出の位置は，図のどこになるか。記号で答えなさい。〔　　　　〕

(4) 透明半球上の印と印の間の距離(きょり)は等しいか。〔　　　　〕

(5) 太陽が動いて見えるのは，見かけの運動である。この運動は，地球の何によって起こるのか。〔　　　　〕

学習日		得点
月	日	点

3 右の図のAは，日本のある地点で，１日の太陽の動きを透明半球を使って記録したものである。図のBの記録は，Aの記録の１か月前の記録である。次の問いに答えなさい。

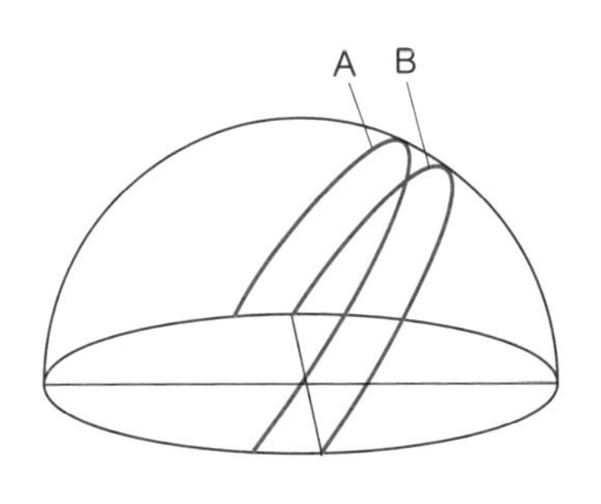

（各５点×２　10点）

(1)　図のAを記録した日はいつか。下の｛　｝の中から選んで書きなさい。

〔　　　　　〕

｛　２月21日　　４月21日　　８月23日　　10月23日　｝

(2)　太陽の動く道筋が，図のように地平面に垂直でなく，傾(かたむ)いているのは何が原因か。

〔　　　　　　　　　　　　　　　　　　〕

4 右の図は，太陽のまわりを地球が公転するようすと，その方向にある星座を模式的に示したものである。次の問いに答えなさい。　（各６点×５　30点）

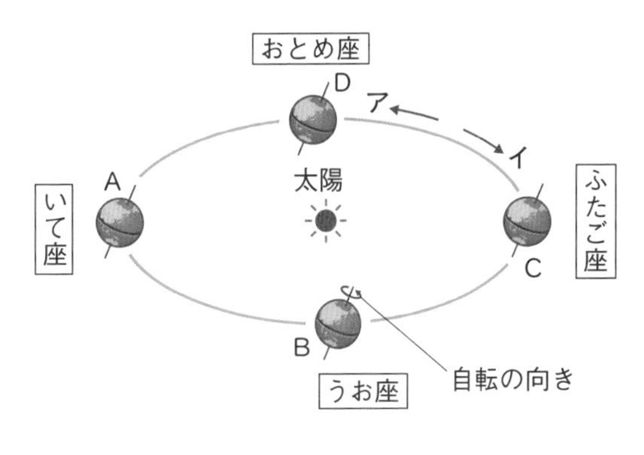

(1)　地球の公転の向きは，ア，イのどちらか。記号で答えなさい。

〔　　　〕

(2)　北半球で太陽の南中高度が最も高くなるのは，地球がA～Dのどの位置にあるときか。記号で答えなさい。

〔　　　〕

(3)　地球がAの位置から１回，公転するとき，太陽は天球(てんきゅう)上の星座の中を見かけ上，どのように動くか。図の４つの星座を太陽が通る順に並べなさい。

〔　　　→　　　→　　　→　　　〕

(4)　地球がDの位置にあるとき，夕方南中し，真夜中に沈(しず)む星座は何か。図の星座の中から選んで書きなさい。　〔　　　　　〕

(5)　季節が生じる原因を，下の｛　｝の中から２つ選んで書きなさい。

〔　　　　，　　　　〕

｛　地球の自転　　地球の公転　　地軸(ちじく)の傾き　　太陽の自転　｝

定期テスト対策問題(4)

1 右の図は，太陽を中心にして公転している地球と，地球にとなり合う2つの惑星(わくせい)A，Bとの位置関係を模式的に示したものである。次の問いに答えなさい。 (各6点×5 30点)

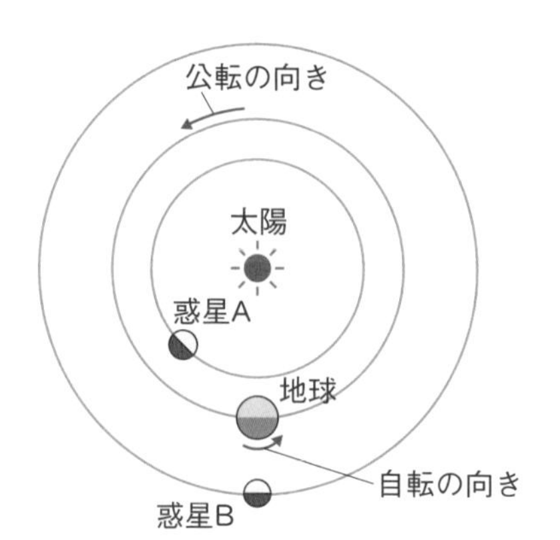

(1) 惑星A，Bは何か。それぞれ答えなさい。

惑星A〔　　　　〕
惑星B〔　　　　〕

(2) 地球と惑星Aが図のような位置関係にあるとき，惑星Aは日本からどのように見えるか。次のア～エから選び，記号で答えなさい。〔　　〕

ア 日没(にちぼつ)後，西の空に見える。　イ 日没後，東の空に見える。
ウ 日の出前，東の空に見える。　エ 日の出前，西の空に見える。

(3) 地球と惑星Bが図のような位置関係にあるとき，惑星Bは日本からどのように見えるか。次のア～エからすべて選び，記号で答えなさい。〔　　〕

ア 日没後，西の空に見える。　イ 日没後，東の空に見える。
ウ 日の出前，東の空に見える。　エ 日の出前，西の空に見える。

(4) 地球，惑星A，惑星Bのうち，公転の周期が最も長いものはどれか。

〔　　〕

2 右の図は，2月から6月にかけて，毎月15日の夜12時に，おとめ座をスケッチしたものである。次の問いに答えなさい。

(各7点×3 21点)

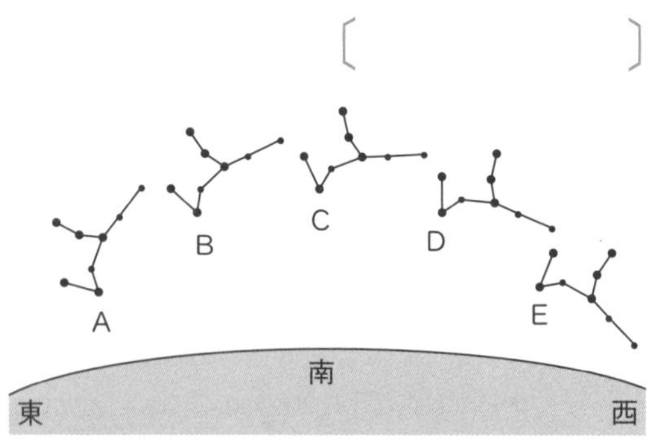

(1) 図のように，おとめ座の位置が各月によって異なるのは，地球がどんな運動をしているためか。〔　　〕

(2) 5月15日夜12時のときのスケッチは，A～Eのどれか。記号で答えなさい。

〔　　〕

(3) おとめ座が，昼の12時に図Cの位置にくるのは何月か。〔　　〕

学習日　月　日　得点　点

3 北緯（ほくい）35度のある地点で，太陽と月の南中高度を，ある月の１日から30日まで観測した。図１は，その観測結果をもとにして，南中高度の変化をグラフに表したものである。なお，この期間中のある日に日食が見られた。図２は，この期間中の月が地球の公転面とほぼ同じ平面上で，地球のまわりを公転していることを示したものである。次の問いに答えなさい。　（各７点×７　49点）

図１

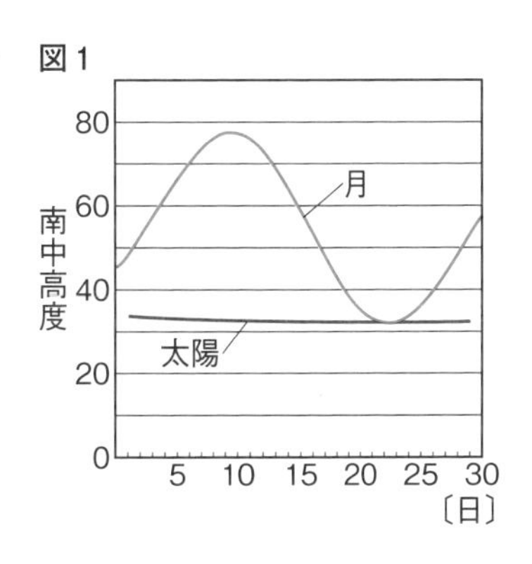

(1)　この期間中に，日の出の方位を何日かおきに観測したところ，同じ方位から太陽がのぼることがあった。このころの太陽がのぼる方位を，次のア～ウから選び，記号で答えなさい。また，この観測を行ったのは何月か。

方位〔　　　〕　月〔　　　　〕

ア　真東より北寄り　　イ　真東　　ウ　真東より南寄り

図２

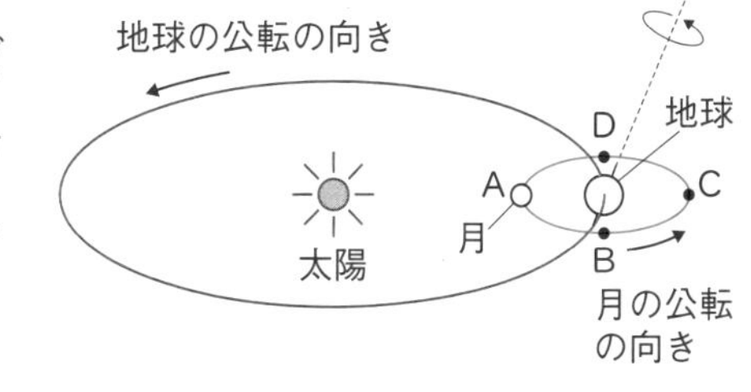

(2)　日食が見られたとき，月は図２のＡ～Ｄのどの位置にあるか。記号で答えなさい。

〔　　　〕

(3)　この期間中に，満月が見られたのは何日ごろか。次のア～オから選び，記号で答えなさい。〔　　　〕

ア　３日　　イ　10日　　ウ　17日　　エ　24日　　オ　30日

(4)　真夜中に東の地平線から月がのぼるのは，図２のＡ～Ｄのどの位置に月があるときか。また，このときの月の明るい部分の見え方を，下のア～オから選び，記号で答えなさい。

位置〔　　　〕

見え方〔　　　〕

ア　イ　ウ　エ　オ

(5)　この観測から数か月後に，太陽の南中高度は，この観測期間中の高度と比べてどうなるか。

〔　　　　　〕

復習 小学校で学習した「生き物のくらしと自然環境」

1 生物どうしのつながり

① **生物と空気**　動物や植物は，空気がないと生きていけない。また，空気を通じて，たがいにかかわり合っている。動物は，呼吸によって酸素をとり入れ，二酸化炭素を出している。植物も，呼吸によって酸素をとり入れ，二酸化炭素を出しているが，日光が当たっているときは，二酸化炭素をとり入れ酸素を出すはたらきもしている。

- **空気中の酸素**…動物がとり入れる空気中の酸素は，植物がつくり出している。

② **生物と水**　生物は，水がないと生きていけない。生物のからだには，多くの水がふくまれている。

③ **生物と食べ物**　生物は，食べる・食べられるの関係でつながっている。これを食物連鎖という。

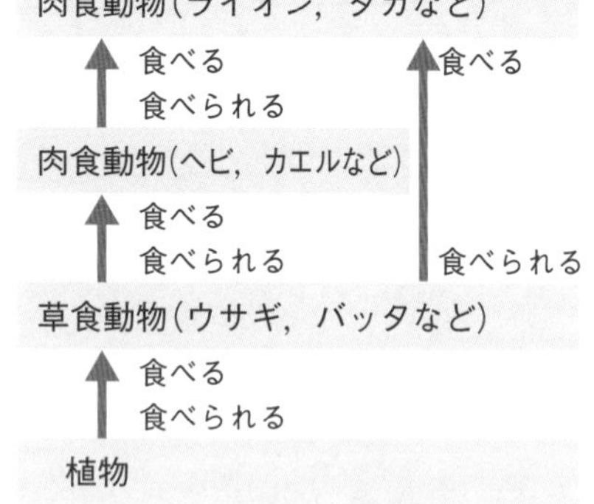

- **植物の養分**…植物は，日光が当たった葉ででんぷんなどをつくり，成長のための養分としている。
- **動物の養分**…動物は，自分で養分をつくることができないので，植物や，ほかの動物を食べて養分を得ている。動物の食べ物のもとをたどると，植物にいきつく。

2 わたしたちの生活と環境

① **人間の生活と環境への影響**

- 住宅建設や紙の原料にするために，木を大量に切る。→森林が減少。
- 家庭や工場からの排水が，川や海に流れこむ。→水がよごれ，生物が減少。
- 石油や石炭を大量に消費する。→空気中の二酸化炭素が増加し，気温が上がる。

② **環境を守る工夫**

- 山に木を植えたり，再生紙を利用したりする。
- 排水は，下水処理場で処理されてから流される。
- 二酸化炭素を出さない燃料電池自動車などの開発が進められている。

復習ドリル

1 動物や植物の空気によるつながりについて，次の問いに答えなさい。

(1) 動物や植物が生きていくために，空気中からとり入れている気体は何か。〔　　　　〕

(2) 植物だけが空気中からとり入れている気体は何か。〔　　　　〕

(3) 動物や植物が，(1)の気体をとり入れ，(2)の気体を出すはたらきを何というか。〔　　　　〕

(4) 動物と植物のうち，(1)の気体をつくり出しているのはどちらか。〔　　　　〕

思い出そう

◀植物も呼吸し，動物と同じ気体をとり入れているが，日光が当たっているときは，光合成もする。

2 右の図は，生物どうしの食べる・食べられるの関係によるつながりを表したものである。次の問いに答えなさい。

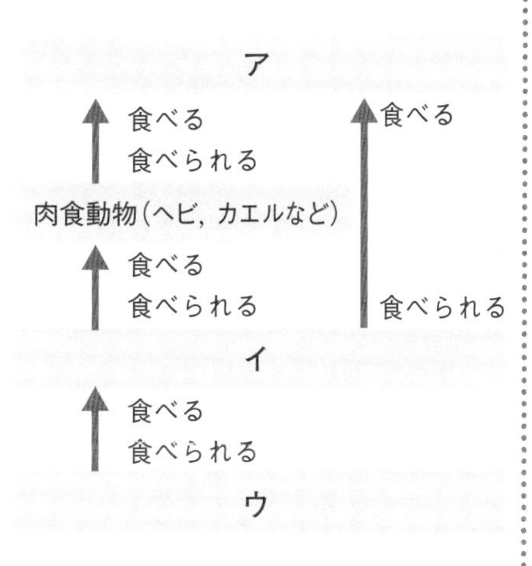

(1) 生物どうしの食べる・食べられるの関係を何というか。〔　　　　〕

(2) 図のア，イ，ウにあてはまるのは，植物，草食動物，肉食動物のうちのどれか。それぞれ書きなさい。

ア〔　　　　〕

イ〔　　　　〕

ウ〔　　　　〕

(3) 動物の食べ物のもとをたどると，何にいきつくか。〔　　　　〕

◀生物どうしは，食べる・食べられるの関係で，１本の鎖(くさり)のようにつながっている。

◀植物を食べる動物を草食動物といい，ほかの動物を食べる動物を肉食動物という。

8章 生物界のつながり／自然と人間 -1

1 食物連鎖

① **生態系** ある地域に生息する生物とそれをとりまく環境(水や空気，土など)を，1つのまとまりとしてとらえたもの。

② **食物連鎖** 自然界では，生物どうしが食べる・食べられるという関係でつながっている。このつながりを食物連鎖という。

③ **生産者と消費者**
光合成によって有機物をつくる植物を生産者，その有機物を消費する草食動物や，その草食動物を食べる肉食動物を消費者という。

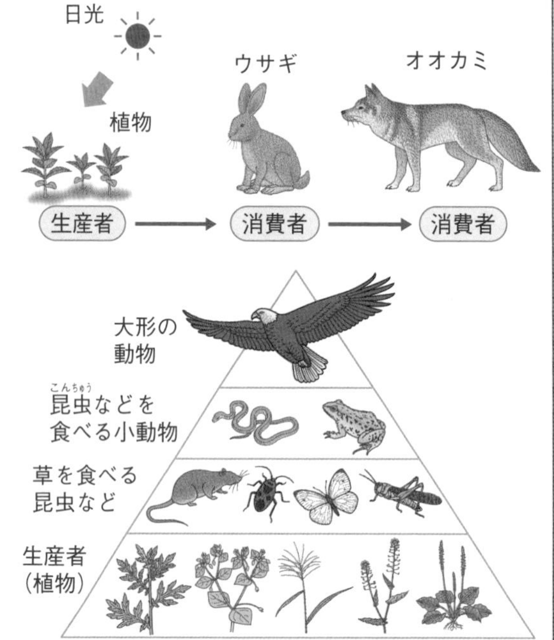

④ **食物連鎖での生物の数量関係** 生産者と消費者の数量関係を図で表すと，ピラミッド形になる。

● 最も下の層には生産者の植物，その上に消費者が順に重なる。(→草食動物，小形の肉食動物の順。)頂点は大形の肉食動物となる。(→数量は少なくなる。)

✦覚えると得✦

食物連鎖の例
草原…草→バッタ→カエル→ヘビ
湖…植物プランクトン(光合成を行う)→動物プランクトン→小形の魚→大形の魚

食物網
いろいろな生物どうしが，食物連鎖の食べる・食べられるという関係で，複雑な網の目のようにつながっている。

重要 テストに出る
● 生態系では，光合成を行う植物が最も多く，大形の肉食動物が最も少ない。

2 生物界のつり合い

① **つり合いがくずれると** 植物の数量がふえると➡植物を食べる草食動物がふえる。(→植物は食べられてへる。)➡草食動物を食べる肉食動物がふえる。(→草食動物は食べられてへる。)➡肉食動物がへる。(→えさとなる草食動物がへるため。)➡つり合いが保たれる。

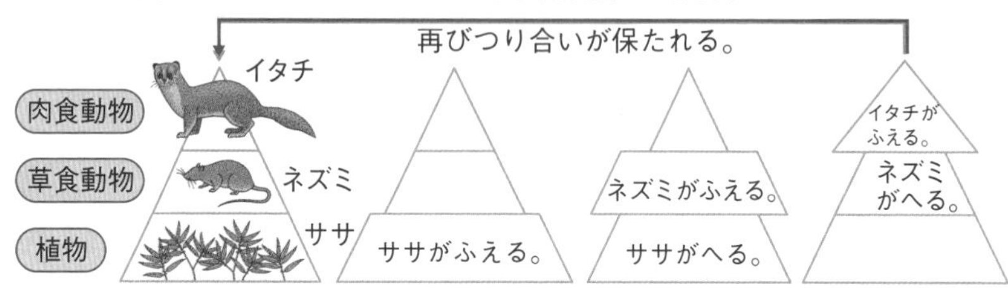

基本チェック

左の「学習の要点」を見て答えましょう。

学習日　　月　　日

① 生物どうしのつながりについて，次の問いに答えなさい。

チェック P.94 ①

(1) 次の文の〔　　〕にあてはまることばを書きなさい。

- 自然界における食べる・食べられるという関係による生物どうしのつながりを〔①　　　　　〕という。
- 自然界では食物連鎖は，複雑な網の目のようにつながっている。これを〔②　　　　　〕という。
- 生物どうしのつながりの中で，〔③　　　　　〕によって有機物をつくる〔④　　　　　〕を〔⑤　　　　　〕といい，その有機物を消費する草食動物や，その草食動物を食べる〔⑥　　　　　〕動物を〔⑦　　　　　〕という。
- 食物連鎖における生産者と消費者の数量関係を図で表すと〔⑧　　　　　〕形になる。その最も下の層には〔⑨　　　　　〕者である〔⑩　　　　　〕，その上に〔⑪　　　　　〕者が順に重なり，頂点は〔⑫　　　　　〕形の〔⑬　　　　　〕動物となる。

(2) 右の図の〔　　〕に「生産者」「消費者」のどちらかを書きなさい。

〔⑭　　　　　〕→〔⑮　　　　　〕→〔⑯　　　　　〕

② 生物どうしのつながりについて，次の文の〔　　〕にあてはまることばを書きなさい。

チェック P.94 ②

- 食物連鎖でつながった生物の一部の数量が急激に変化すると，つり合いがくずれて，ほかの生物の数量も変化する。しかし，やがてつり合いはもとにもどる。

例　植物の数量がふえる→それを食べる草食動物が〔①　　　　　〕。
→それを食べる肉食動物が〔②　　　　　〕。→食べられて草食動物がへる。
→食物が不足し，肉食動物が〔③　　　　　〕。→つり合いが保たれる。

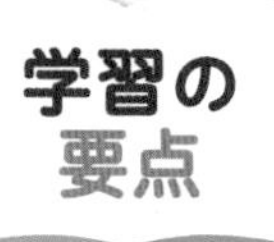

8章 生物界のつながり／自然と人間 -2

3 分解者

① **分解者** 自然界で，落ち葉や枯れ木，動物の死がい・排出物などの有機物を分解して無機物にする生物を分解者という。
↳二酸化炭素や窒素の化合物で植物の光合成や成長の材料になる。

② **菌類・細菌類** キノコやカビなどの菌類や細菌類などの微生物は，葉緑体がないので，光合成によって有機物をつくることはできず，生物の死がいなどから養分を吸収する。消費者であり，分解者でもある。

③ **土の中の小動物** ダンゴムシやミミズなどの土の中の小動物は，落ち葉などを食べて細かくする。これらも分解者である。

4 自然界での物質の循環

① **炭素と酸素の循環**

植物は光合成によって有機物をつくり，酸素を放出している。生物は呼吸によって酸素をとり入れ，有機物を分解して二酸化炭素と水を放出する。その二酸化炭素と水は，植物の光合成に使われる。このように，炭素と酸素は生態系を循環する。

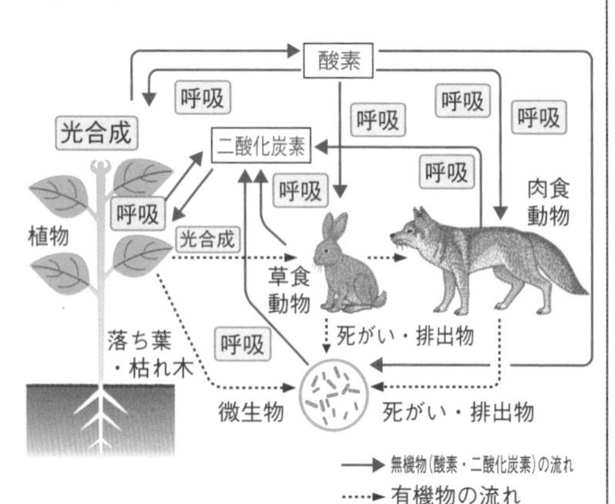

5 自然と人間生活

① **自然環境の調査方法(例)**

- **池や川の水のよごれ**…どのような水生生物がいるかを調べる。
- **大気のよごれ**…マツの葉の気孔のよごれを顕微鏡で調べる。

② **自然災害と恩恵** 台風や火山の噴火，地震などは，大きな被害を発生させる一方，豊かな水資源や温泉，地熱など，さまざまな恩恵も，もたらしている。

覚えると得

菌類や細菌類のふえ方
カビ，キノコなどの菌類は胞子でふえる。細菌類は分裂によってふえる。

窒素の循環
生物の死がいなどは，分解者によって窒素をふくむ無機物となって循環する。

水質調査の指標となる水生生物
きれいな水…サワガニ，カワゲラ類など。
きたない水…サカマキガイ，エラミミズなど。

地球温暖化
二酸化炭素などの増加によって，地球の平均気温が上昇している。

酸性雨
大気汚染物質のために酸性になった雨。

左の「学習の要点」を見て答えましょう。

学習日　　月　　日

3 菌類や細菌類について，次の文の〔　〕にあてはまることばを書きなさい。

チェック P.96 3

- キノコやカビなどをまとめて〔①　　　　〕という。
- ①や細菌類などの〔②　　　　〕は，落ち葉や枯れ木，動物の死がいや排出物などの〔③　　　　〕を分解して〔④　　　　〕にする。このような生物を，〔⑤　　　　〕という。

4 自然界での物質循環について，次の図の〔　〕にあてはまる生物のはたらきを書きなさい。

チェック P.96 4

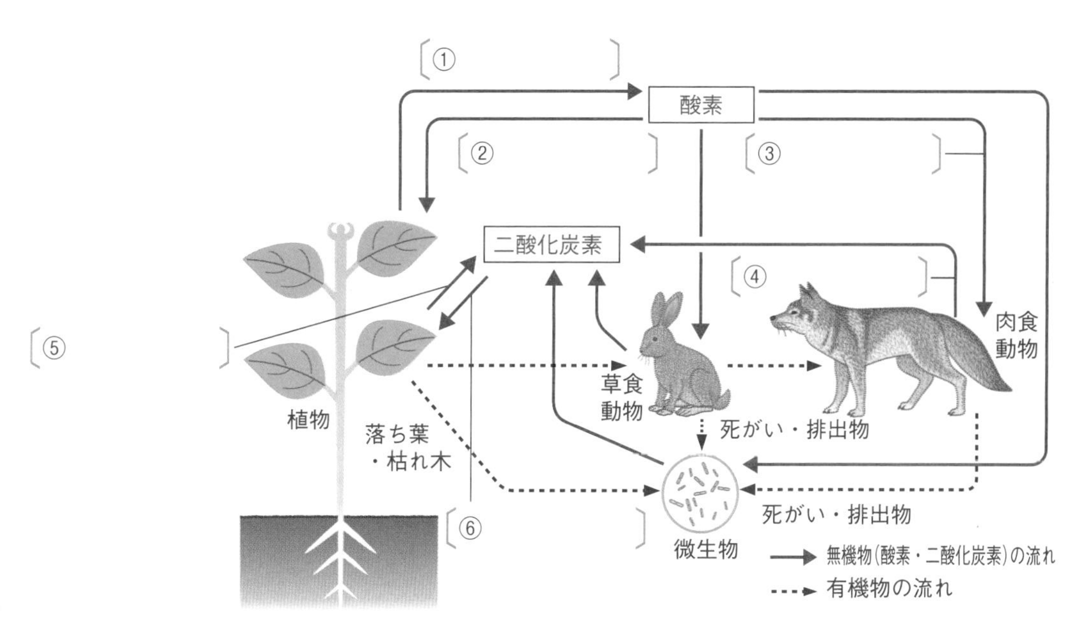

5 自然と人間生活について，次の文の〔　〕にあてはまることばを書きなさい。

チェック P.96 5

- 池や川にどのような水生生物がいるかを調査することによって，その池や川の〔①　　　　〕を判断することができる。また，マツの葉の〔②　　　　〕を顕微鏡で観察すると，大気のよごれ具合を調べることができる。

8章 生物界のつながり／自然と人間

1 右の図は，ある森での食物連鎖(しょくもつれんさ)の数量関係を示したものである。次の問いに答えなさい。

チェック P.94 ❶❷ (各6点×8 48点)

ある森での食物連鎖の数量関係

イタチ
ネズミ
ササ

(1) ササはネズミに食べられ，ネズミはイタチに食べられる関係にあるとき，生産者は何か。
〔　　　　〕

(2) 数量が最も多い生物は何か。
〔　　　　〕

(3) 数量が最も少ない生物は何か。 〔　　　　〕

(4) ネズミが何かの原因で急にふえると，ササの数量はどうなるか。
〔　　　　〕

(5) ササの数量がへると，ネズミの数量はどうなるか。 〔　　　　〕

(6) ネズミの数量がふえると，イタチの数量はどうなるか。 〔　　　　〕

(7) イタチの数量がふえると，ネズミの数量はどうなるか。 〔　　　　〕

(8) 何らかの原因で特定の生物が異常にふえたとき，長い年月では，食物連鎖の数量関係はどうなるか。次のア～ウから選び，記号で答えなさい。 〔　　〕

ア 特定の生物がふえたままの状態で，つり合いが保たれる。

イ やがて，えさが不足したり，食べられたりして，もとのつり合いが保たれる。

ウ ふえた生物だけがさらにふえて，ほかの生物はいなくなる。

2 下の□の生物を，生産者・消費者に分類しなさい。 チェック P.94 ❶ (各6点×2 12点)

植物（生産者）⇨ 草食動物（消費者）⇨ 肉食動物（消費者）

生産者〔　　　　〕

消費者〔　　　　〕

動物プランクトン　植物プランクトン　バッタ　カエル
キャベツ　ミミズ　カツオ　ムギ　ネズミ　ヘビ

学習日　月　日　得点　点

3 次の①〜③は，どのようなことを調べるために行う調査か。下の［　］から選んで書きなさい。 チェック P.96 ⑤ （各5点×3 ⑮点）

① マツの気孔を顕微鏡で観察した。 〔　　　〕

② pH試験紙を用いて，採集した雨水の性質を調べた。 〔　　　〕

③ 指標となる水生生物の種類と数を調べた。 〔　　　〕

酸性雨	大気のよごれ	川の水のよごれ

4 下の図は，自然界における炭素と酸素の循環を示したものである。次の問いに答えなさい。 チェック P.96 ④ （各5点×5 ㉕点）

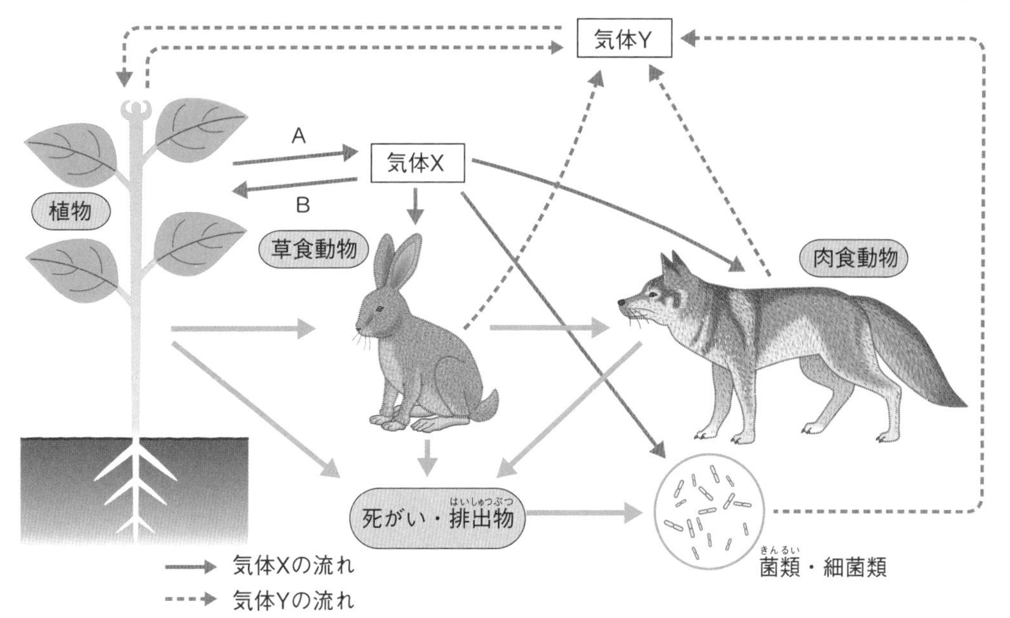

(1) 図の気体Xと気体Yは，酸素と二酸化炭素のどちらかである。それぞれどちらの気体か。 気体X〔　　　〕 気体Y〔　　　〕

(2) 植物は光合成と呼吸を行うが，図のA，Bは，それぞれどちらのはたらきのときの気体の流れであるか。 A〔　　　〕 B〔　　　〕

(3) 図の➡で示された矢印は，炭素をふくんだ化合物の流れを示している。このような化合物を何というか。 〔　　　〕

練習ドリル 8章 生物界のつながり / 自然と人間

1 右の図は，ある地域における食物連鎖での生物の数量関係を示したものである。次の問いに答えなさい。

（各５点×５ 25点）

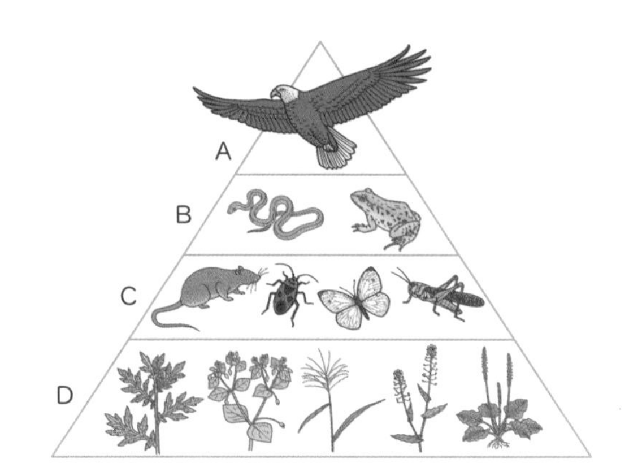

(1) 生産者は，Ａ～Ｄのどれか。記号で答えなさい。〔　　　〕

(2) 生産者とは，自分で何をつくる生物か。〔　　　〕

(3) (2)のものを自分でつくることができない生物を何というか。〔　　　〕

(4) (3)の生物を図のＡ～Ｄからすべて選び，記号で答えなさい。〔　　　〕

(5) 食物連鎖の関係は，複雑な網の目のようにつながっている。このことを何というか。〔　　　〕

2 わたしたちは，いろいろな方法で自然環境について調べることができる。次の問いに答えなさい。

（各９点×３ 27点）

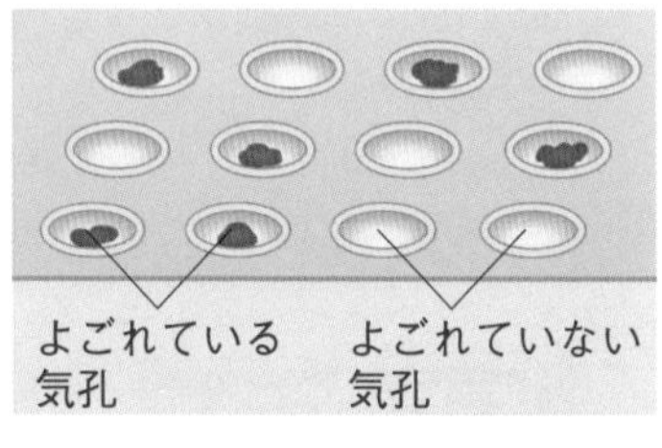

(1) 交通量の多い地点と少ない地点でマツの葉を採取し，顕微鏡で調べると，図のように，よごれた気孔が見られた。このよごれた気孔の数が多いのは，どちらの地点のマツか。〔　　　〕

(2) 自動車の排気ガスを袋に集め，その袋に水を入れてよく振りできた水溶液の性質を，pH試験紙を用いて調べた。pH試験紙が示した性質は何か。〔　　　〕

(3) 空気中の汚染物質がふえた結果，酸性の強い雨が観測されるようになった。この雨を何というか。〔　　　〕

1 (2)植物だけが有機物を生産できる。
(5)動物は複数の食物を食べる。この網の目のような関係を食物網という。

2 自動車の排気ガスには，二酸化炭素のほかに，硫黄酸化物や窒素酸化物などもふくまれている。

学習日　月　日　得点　点

3 土の中の微生物（びせいぶつ）のはたらきを調べるために，ポリエチレンの袋を使って，実験Ⅰ～Ⅲを行った。次の問いに答えなさい。　（各8点×6　48点）

〔**実験Ⅰ**〕● Aの袋には，林の中の土100gと，少量のうすいデンプンのりを入れた。
● Bの袋には，林の中の土100gを，よく焼いてから入れた。
● Cの袋には，林の中の土100gだけを，そのまま入れた。

〔**実験Ⅱ**〕 A～Cの袋に空気を入れ，**図1**のように，口を閉じておいた。

〔**実験Ⅲ**〕 一昼夜たってから口を開け，**図2**のように，袋の中の空気を石灰水中におし出した。

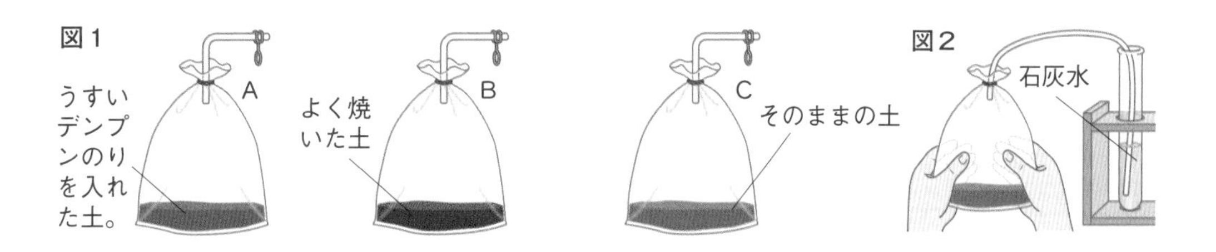

(1) うすいデンプンのりは，有機物か無機物か。〔　　〕

(2) 土をよく焼くと，土の中の微生物はどうなるか。〔　　〕

(3) 微生物は，自分で養分をつくり出すことができるか。〔　　〕

(4) 実験の結果，Aの袋の中の空気が，石灰水を最も白くにごらせた。また，Bの袋の中の空気は，石灰水をほとんど変化させなかった。このことから考えて，何が有機物を分解して，二酸化炭素を発生させたと考えられるか。
〔　　〕

(5) Cの袋の中の空気は，Aよりも石灰水を白くにごらせることができなかった。Cの袋の中の土に有機物を入れると，二酸化炭素の量はどうなると考えられるか。
〔　　〕

(6) 土の中の微生物のはたらきから，微生物のことを何というか。〔　　〕

3 (1)デンプンは炭水化物で，分解されると，二酸化炭素と水ができる。
(4)二酸化炭素は，石灰水を白くにごらせる性質がある。 (5)もとの土にふくまれる有機物を分解してできた二酸化炭素の放出量は，わずかである。

8章 生物界のつながり / 自然と人間

1 右の図は，自然界における炭素と酸素の循環(じゅんかん)を矢印で示したものである。次の問いに答えなさい。

(各8点×7 56点)

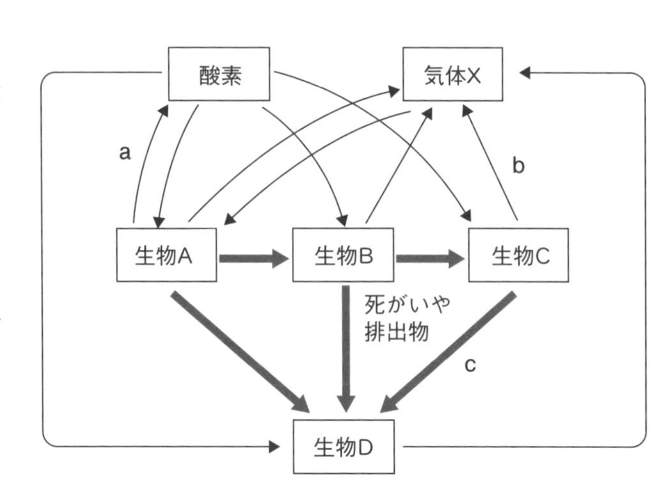

(1) 図の気体Xは，大気中に存在する炭素の化合物である。気体Xは何か。

〔　　　　　　〕

(2) 図のように，生物Aは大気中の気体Xをとり入れ，太陽から何のエネルギーを利用して，有機物をつくっているか。

〔　　　　　　〕

(3) (2)のようにして，生物Aが有機物をつくるはたらきを何というか。

〔　　　　　　〕

(4) 生物Dは，死がいや排出物(はいしゅつぶつ)中の有機物を分解することから，分解者とよばれる。これに対して，生物Aは何とよばれるか。〔　　　　　　〕

(5) 図の生物Bと生物Cの組み合わせとして最も適当なものを，次のア～エから選び，記号で答えなさい。〔　　〕

ア 生物B…ウサギ，生物C…キツネ　　イ 生物B…タカ，生物C…ネズミ

ウ 生物B…クモ，生物C…バッタ　　エ 生物B…シマウマ，生物C…カビ

(6) 生物が酸素をとり入れて，生命の維持(いじ)に必要なエネルギーをとり出すために行うはたらきを何というか。〔　　　　　　〕

(7) (6)のはたらきが行われるときの物質の移動を示している矢印を，図中のa～cから選び，記号で答えなさい。〔　　〕

1 (2)，(3)植物に太陽の光が当たることで，光合成は行われる。 (5)生物Bは草食動物，生物Cは肉食動物があてはまる。 (6)酸素を使って有機物を分解することでエネルギーをとり出している。このとき二酸化炭素が放出される。

学習日　　月　　日　　得点　　点

2 右のグラフは，一定地域内に生活するカンジキウサギとオオヤマネコの個体数の年変化を示したものである。次の問いに答えなさい。

(各8点×4　32点)

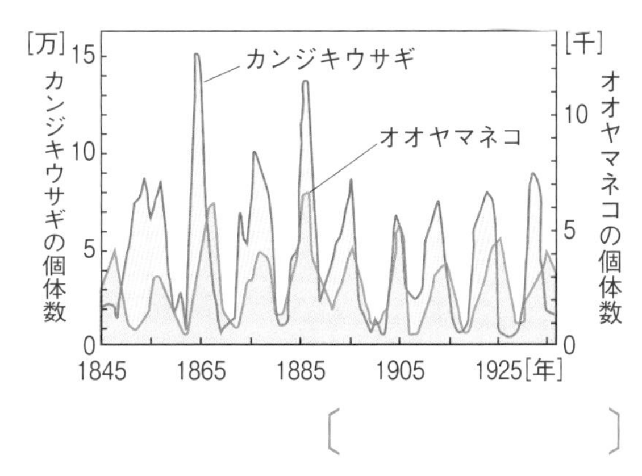

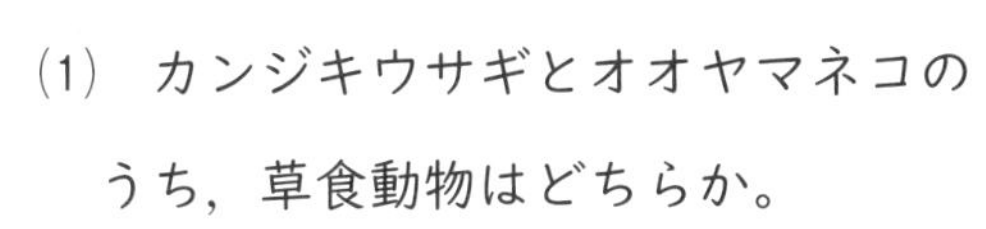

(1) カンジキウサギとオオヤマネコのうち，草食動物はどちらか。〔　　　　〕

(2) カンジキウサギが増加すると，オオヤマネコの個体数はどう変化しているか。

〔　　　　〕

(3) カンジキウサギの個体数の変化が，オオヤマネコの個体数の変化の原因となる理由を，簡単に書きなさい。〔　　　　〕

(4) ある年には，カンジキウサギの個体数が急激に増加している。考えられる原因として最も適当なものを，次のア～ウから選び，記号で答えなさい。〔　　〕

ア　生き残ったカンジキウサギが多かったため。

イ　生き残ったカンジキウサギのうち，雌(めす)が多かったため。

ウ　ほかの年よりも，えさが多かったため。

3 次の(1)～(3)は，どのような自然現象がもたらすものか。下の□から選んで書きなさい。

(各4点×3　12点)

(1) 短時間に大雨が降って洪水(こうずい)が起こったり，強風で家屋がこわされたりする。

〔　　　　〕

(2) 発生した熱を利用して，地熱発電によって電気をつくり出す。

〔　　　　〕

(3) 地割れや津波(つなみ)のほかに，水道・電気の供給路の寸断などの二次的災害が起こる。

〔　　　　〕

火山活動 台風 地震(じしん)

得点UPコーチ

2 (1)カンジキウサギは植物を食べる。
(4)食物連鎖(しょくもつれんさ)の観点から考える。

3 大きな地震では，ゆれによる被害(ひがい)のほか，津波や土砂崩(どしゃくず)れなどによる被害も起きる。

まとめのドリル

単元3

生物界のつながり / 自然と人間

1 右の図は，森林や湖の中にいる生物を，大形の肉食動物，小形の肉食動物，草食動物，植物の４つの生物に分け，食べるものと食べられるものの数量的な関係を，模式的に示したものである。次の問いに答えなさい。　(各７点×６　42点)

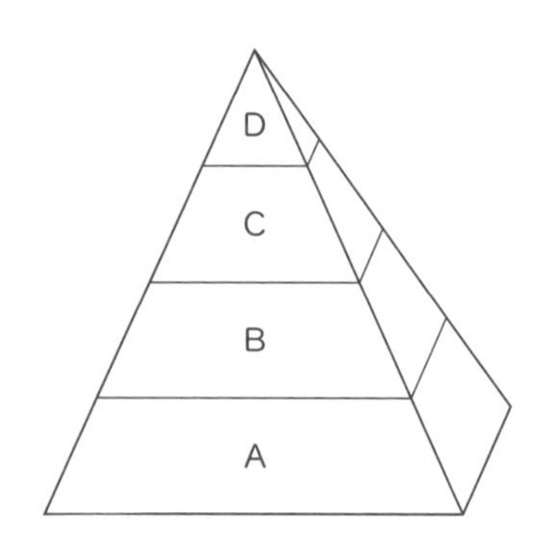

(1)　食べる・食べられる関係のつながりを何というか。〔　　　　〕

(2)　図のＡの生物は，無機物をとり入れて有機物をつくるはたらきをする。このはたらきを何というか。〔　　　　〕

(3)　図の生物を，ＡとＢ・Ｃ・Ｄの２つに分けるとき，Ａを生産者とよぶのに対し，Ｂ・Ｃ・Ｄを何とよぶか。〔　　　　〕

(4)　Ａ～Ｄにあてはまる生物の組み合わせとして最も適当なものを，次のア～エから選び，記号で答えなさい。〔　　〕

ア　Ａ…カエル，フナ　　Ｂ…イネ，オオカナダモ　　Ｃ…サギ，ナマズ　　Ｄ…バッタ，タニシ

イ　Ａ…イネ，オオカナダモ　　Ｂ…サギ，ナマズ　　Ｃ…バッタ，タニシ　　Ｄ…カエル，フナ

ウ　Ａ…バッタ，タニシ　　Ｂ…イネ，オオカナダモ　　Ｃ…カエル，フナ　　Ｄ…サギ，ナマズ

エ　Ａ…イネ，オオカナダモ　　Ｂ…バッタ，タニシ　　Ｃ…カエル，フナ　　Ｄ…サギ，ナマズ

(5)　Ｂの生物が一時的に減少すると，ＣとＡの個体数はどうなると予想できるか。

Ａ〔　　　　〕　Ｃ〔　　　　〕

1 Ａ…植物，Ｂ…草食動物，Ｃ…小形の肉食動物，Ｄ…大形の肉食動物の数量的な関係である。

(2)動物は自分で養分をつくり出すことはできない。

(5)Ｃはえさがなくなる。

学習日　　月　　日　得点　　　点

2 右の図は，ある森林にいる生物における炭素の循環を，矢印で模式的に示したものである。次の問いに答えなさい。　　　　(各５点×８　40点)

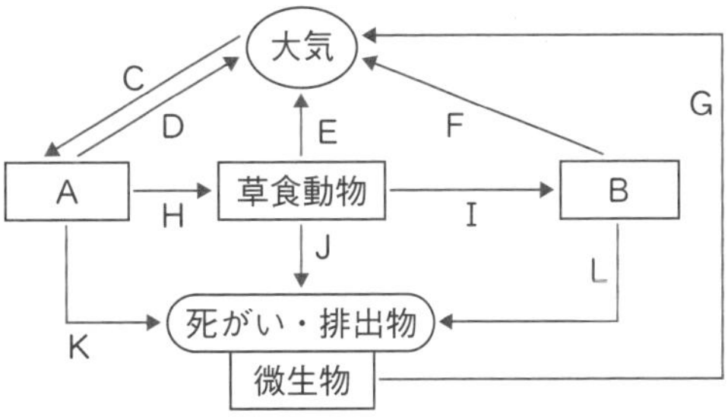

(1)　Aの生物は何を示しているか。　〔　　　　　〕

(2)　草食動物を消費者とよぶとき，Aは何とよばれるか。　〔　　　　　〕

(3)　Bの生物は何を示しているか。　〔　　　　　〕

(4)　矢印CとDは，何というはたらきによるものか。

C〔　　　　　〕　D〔　　　　　〕

(5)　矢印Dと同じはたらきによる炭素の移動を表している矢印を，E～Lからすべて選び，記号で答えなさい。　〔　　　　　〕

(6)　微生物は，死がいや排出物などの有機物を，何に分解するはたらきをするか。

〔　　　　　〕

(7)　(6)のはたらきをすることから，微生物は生物どうしのつながりの中で何とよばれているか。　〔　　　　　〕

3 次の①～③は，どのようなものを使って調べることができるか。下の□から選んで書きなさい。　　　　(各６点×３　18点)

①　大気のよごれ具合。　〔　　　　　〕

②　雨水の酸性度。　〔　　　　　〕

③　川の水のよごれ具合。　〔　　　　　〕

pH試験紙　　マツの気孔のよごれ　　水生生物の種類と数

2 (4)Cは二酸化炭素をとり入れ，Dは放出している。　(5)各生物群から大気中に出されている矢印である。

3 マツは，大気中の気体を吸収・放出している。pH試験紙は，酸性の強さなどを調べることができる。

定期テスト対策問題(5)

1 図1は，日本のある地域における2010年から，2019年までの物質Xの量の変化を表したもので，図2は，自然界における物質Xの循環を表したものである。次の問いに答えなさい。

（各6点×7　42点）

図1

図2

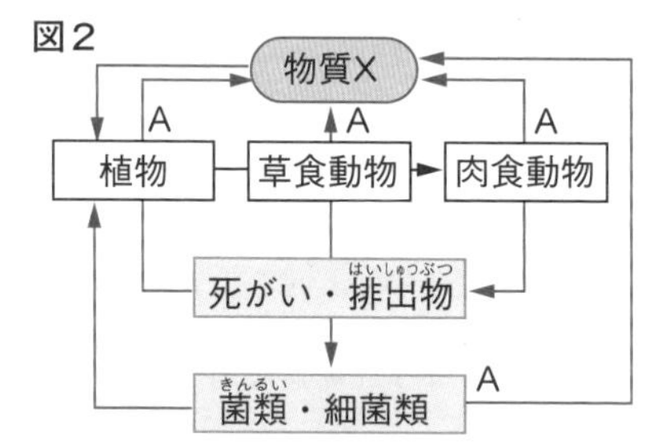

(1) 物質Xは何か。その物質名を書きなさい。

〔　　　　　　　〕

(2) 次の文は，物質Xの量が変化している原因を説明したものである。文中の①～③にあてはまることばを，下の｛　｝の中から選んで書きなさい。

・工業や交通機関などの発達によって，〔①　　　　〕，〔②　　　　〕などが大量に消費されている。また，パルプなどの原料にするためや開発などのために〔③　　　　〕が減少しているので，物質Xの量が変化しているとも考えられる。

｛　酸素　　二酸化炭素　　森林　　草原　　石油　　石炭　　フロン　｝

(3) 物質Xの量の変化がおよぼす影響として最も適当なものを，次のア～オから選び，記号で答えなさい。〔　　〕

ア　発展途上国の人口の増加

イ　地球上の資源や食料の不足

ウ　河川の浄化を行う微生物の増加

エ　地球全体の気候の変化

オ　毒性をもった物質の生物体内への蓄積

(4) 図2のAの矢印も，物質Xの量に影響を与えているといわれている。物質Xを放出するはたらきAを何というか。〔　　　　〕

(5) 物質Xは温室効果ガスとよばれ，地球全体での量が増加すると，地球の平均気温が上昇するといわれている。このことを何というか。〔　　　　〕

2 右の図は，自然界における炭素の循環を，矢印で模式的に示したものである。次の問いに答えなさい。

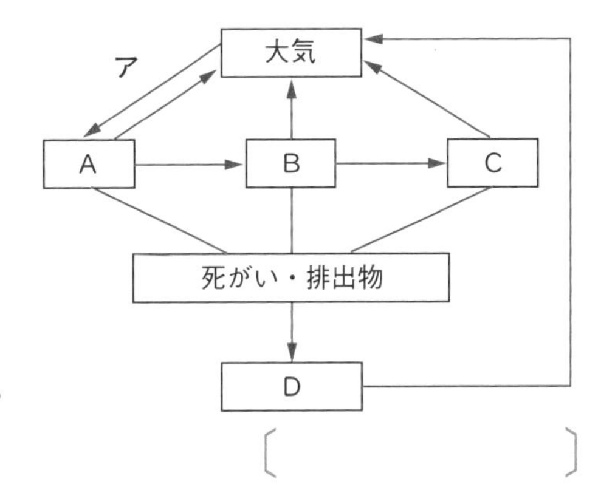

（各10点×4　40点）

(1)　A～Dの生物群から大気中にもどされた炭素は，どのような化合物になっているか。物質名を書きなさい。〔　　　〕

(2)　矢印アで示した炭素の流れは，Aの生物群のどんなはたらきによるものか。〔　　　〕

(3)　Aの生物群を生産者とよぶのに対し，B・C，Dの生物群を何とよぶか。

B・C〔　　　〕　D〔　　　〕

3 右の図のような川の①～③の地点で，川底の生物を調べたところ，①ではA，②ではB，③ではCのような生物が多く見られた。次の問いに答えなさい。

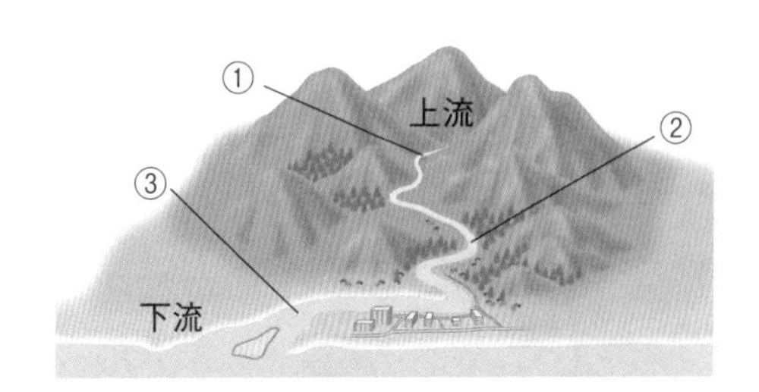

（各9点×2　18点）

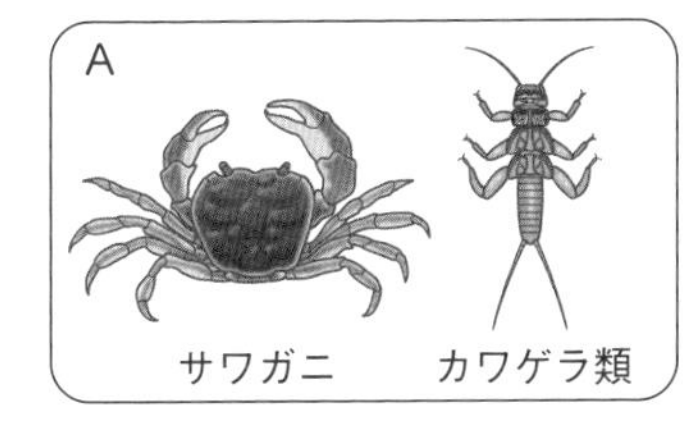

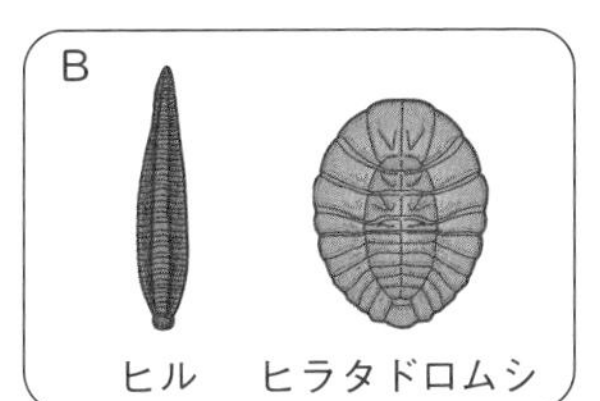

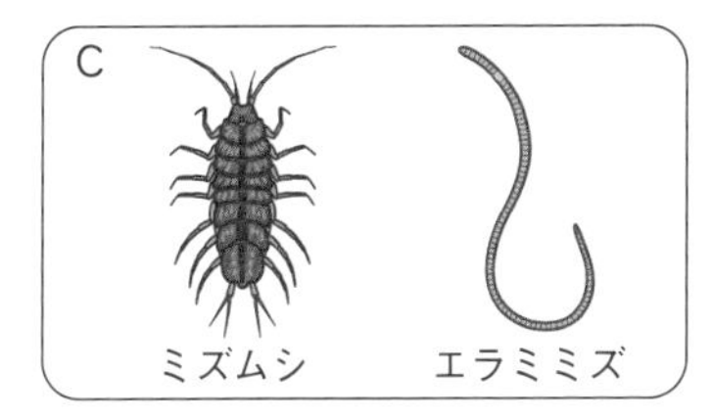

(1)　見られた生物の種類から考えて，最もきれいな水質と考えられるのは，①～③のどの地点か。〔　　　〕

(2)　川のよごれの原因である有機物を分解し，水を浄化するはたらきがある生物を，下の｛　｝の中から選んで書きなさい。〔　　　〕

｛　カエルなどの小動物　　アユなどの魚　　細菌類などの微生物　｝

中学の理科 分野のまとめテスト(1)

1 図1のA～Dは，同じ植物を用いて植物から水が出ていくことを調べるための実験を示している。また，図2は，植物の葉の断面を顕微鏡(けんびきょう)で観察したときのようすを模式的に示したものである。次の問いに答えなさい。〈島根県〉

(各6点×4　24点)

図1

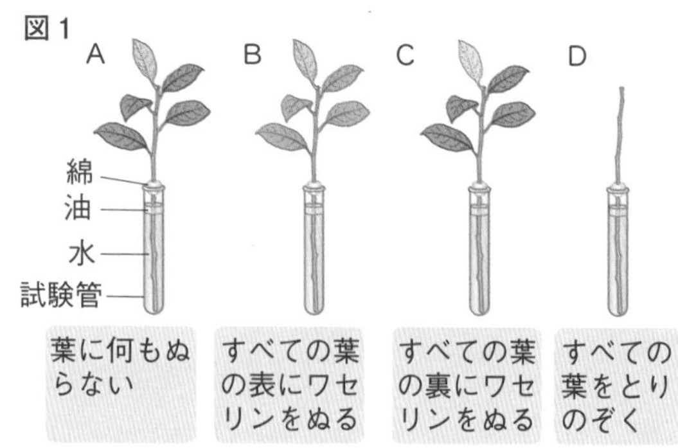

※ワセリンとは，ねばり気のある油のこと。

図2

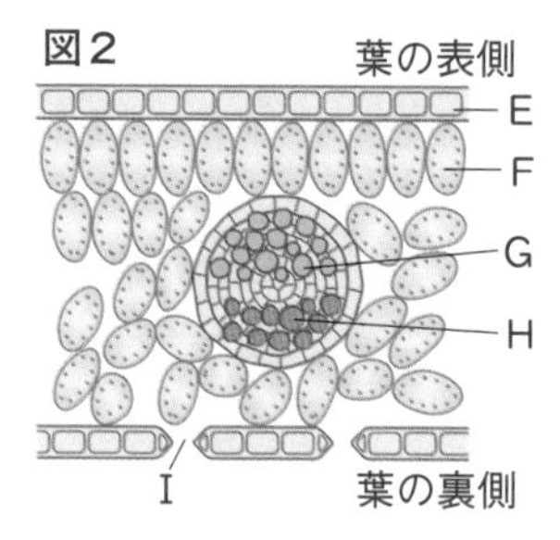

(1) 図1の実験で，一定時間に試験管内の水が最も減ったのはA～Dのどれか。〔　　〕

(2) 図2で，図1の実験と最も関係のある部分を，E～Iから1つ選び，記号と名前を答えなさい。

記号〔　　〕　名前〔　　〕

(3) 図2で，根で吸収された水の通る管をE～Iから選びなさい。〔　　〕

2 青色のBTB溶液(ようえき)が緑色になるまで息をふきこみ，試験管a～dにその液を満たした。さらに試験管c，dにオオカナダモを入れてから，すべての試験管にゴムせんをした。試験管a，cをアルミホイルで包み，試験管a～dを直射日光に1時間当てた後，BTB溶液の色の変化を調べた。右の図はa～dの試験管のようすと1時間後の色を示したものである。これについて，次の問いに答えなさい。〈石川県〉

(各6点×4　24点)

アルミホイル　ゴムせん

a　b　c　d

緑　緑　黄　青

(1時間後のBTB溶液の色)

(1) 下線部で，BTB溶液を緑色に変化させた物質は何か。〔　　〕

(2) 試験管a，bの実験結果からわかることは何か。

〔　　〕

(3) 試験管c，dで見られた色の変化は，植物の何というはたらきによるものか。それぞれ答えなさい。　c〔　　〕　d〔　　〕

3 右の図は，震源(しんげん)の浅いある地震の，震源からの距離(きょり)と，初期微動(しょきびどう)および主要動がはじまった時刻との関係を示したものである。次の問いに答えなさい。〈熊本県〉　(各6点×4　24点)

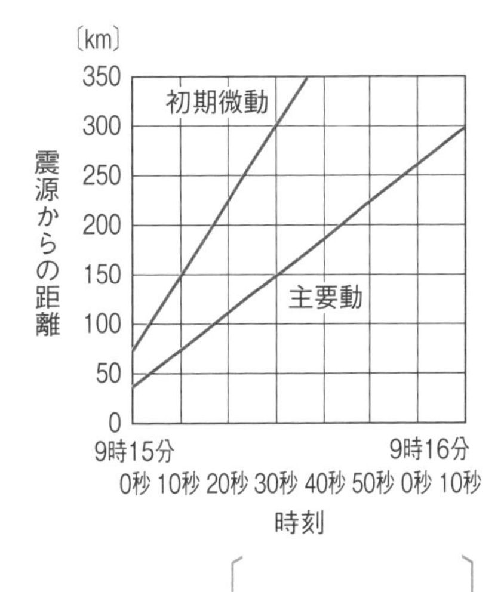

(1) 震源からの距離が150kmの地点での初期微動継続時間は何秒か。　〔　　　　〕

(2) この地震で，初期微動を起こすゆれ(P波)の伝わる速さは何km/sか。　〔　　　　〕

(3) この地震はいつ発生したと考えられるか。その時刻を答えなさい。　〔　　　　〕

(4) マグニチュードとは，地震の何の大きさを表す尺度か。　〔　　　　〕

4 日本のおもな火山を調べると，その形は，図1のA～Cのように分類された。次の問いに答えなさい。　(各7点×4　28点)

図1

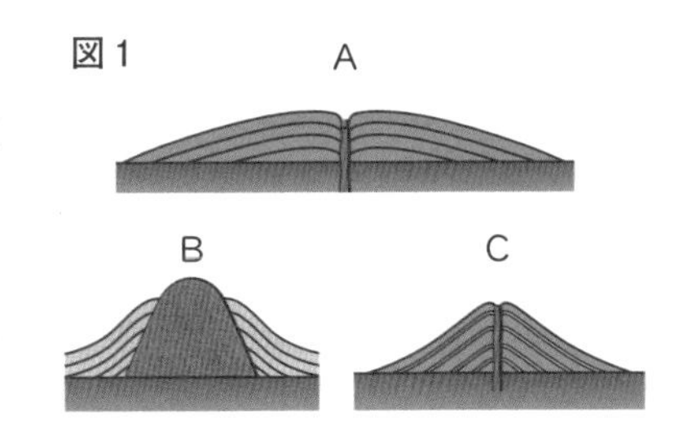

(1) 図1のA～Cの火山を，マグマのねばりけが大きい順に並べなさい。　〔　→　→　〕

(2) ある溶岩を採集し，その組織を観察してスケッチしたところ，図2のようであった。このような組織を何というか。　〔　　　　〕

図2

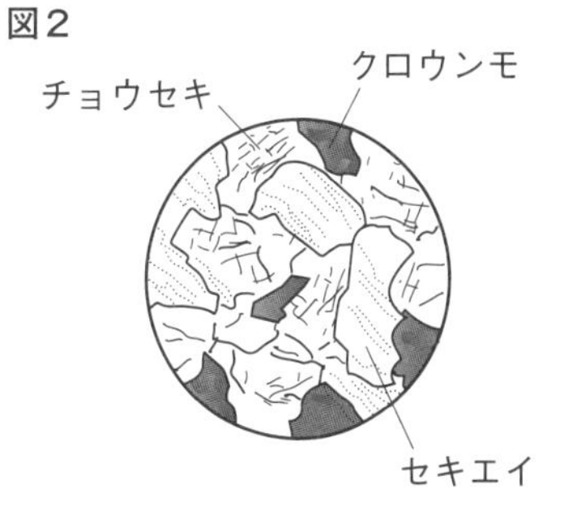

(3) 火成岩のうち，図2のような組織をもつものを何というか。　〔　　　　〕

(4) 火山噴出物(ふんしゅつぶつ)のうち，Cに分類される火山の活動によって，大量に空中にふき出される直径2mm以下の細かな粒(つぶ)を何というか。　〔　　　　〕

中学の理科 分野のまとめテスト(2)

1 次の問いに答えなさい。〈和歌山県〉

(各７点×３　21点)

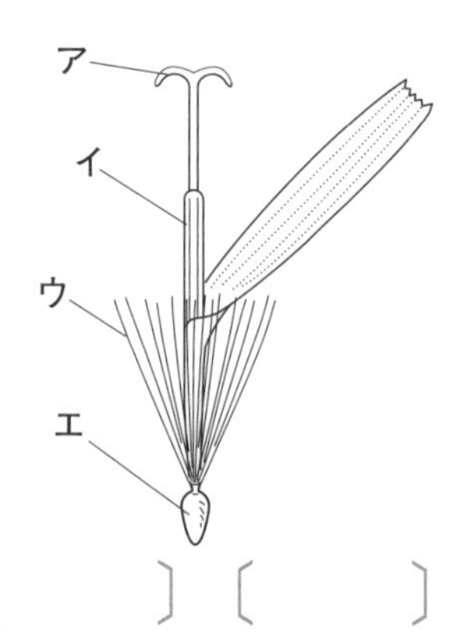

(1)　右の図は，タンポポの１つの花をルーペで観察し，スケッチしたものである。図のア～エから，花粉ができる部分を選びなさい。〔　　〕

(2)　トカゲとイモリに共通している特徴(とくちょう)について述べたものを，次のア～オから２つ選びなさい。〔　　〕〔　　〕

ア　水中に卵をうんで，なかまをふやす。

イ　からだの中に背骨がある。

ウ　からだの表面がうろこでおおわれている。

エ　一生を通して肺で呼吸する。

オ　体温がまわりの温度の変化につれて変わる。

2 下の図は，自然界の生物どうしの食物のつながりと，炭素の循環(じゅんかん)を模式的に示したものである。次の問いに答えなさい。〈佐賀県・改〉

(各10点×３　30点)

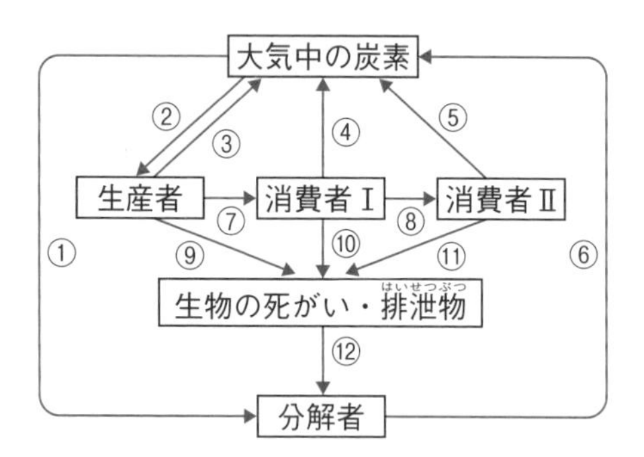

(1)　自然界における食べる・食べられるという生物どうしのつながりを何というか。

〔　　〕

(2)　大気中の炭素は，おもに何という物質にふくまれているか。

〔　　〕

(3)　図の炭素の移動を示した矢印の中で，正しく表していないものはどれか。①～⑫の中から１つ選びなさい。〔　　〕

学習日　月　日　得点　点

3 湿度と雲について，次の問いに答えなさい。

((6)9点，他各8点×5　49点)

気温〔℃〕	飽和水蒸気量〔g／m³〕	気温〔℃〕	飽和水蒸気量〔g／m³〕
0	4.8	18	15.4
1	5.2	19	16.3
2	5.6	20	17.3
3	5.9	21	18.3
4	6.4	22	19.4
5	6.8	23	20.6
6	7.3	24	21.8
7	7.8	25	23.1
8	8.3	26	24.4
9	8.8	27	25.8
10	9.4	28	27.2
11	10.0	29	28.8
12	10.7	30	30.4
13	11.4	31	32.1
14	12.1	32	33.8
15	12.8	33	35.7
16	13.6	34	37.6
17	14.5	35	39.6

(1) 右の表は，いろいろな気温における飽和水蒸気量を示している。今，地表に25℃の空気があり，1 m^3あたり12.8gの水蒸気をふくんでいるものとする。この空気の湿度は何％か。ただし，答えは小数第1位を四捨五入しなさい。〔　　　〕

(2) この空気の温度が5℃に低下したとすると，1 m^3あたり，何gの水滴ができるか。〔　　　〕

(3) 右の図は，日本付近の天気図の一部である。あたたかい空気が，前線Aにより上昇し，雲をつくったとする。このときのあたたかい空気の上昇のしかたを，次のア～ウから選びなさい。〔　　　〕

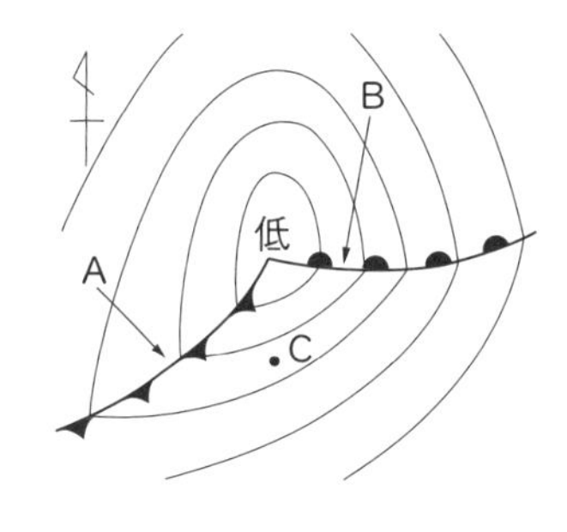

ア　冷たい空気の上をはい上がりながら，ゆるやかに上昇する。

イ　冷たい空気がもぐりこみ，強くおし上げられて上昇する。

ウ　冷たい空気と衝突し，ともに上昇する。

(4) 前線B付近に発生して，長時間にわたって雨を降らせる雲を，次のア～エから選びなさい。〔　　　〕

ア　層積雲　　イ　巻層雲　　ウ　積乱雲　　エ　乱層雲

(5) この図のC地点での風向を，次のア～エから選びなさい。〔　　　〕

ア　北東　　イ　南東　　ウ　南西　　エ　北西

(6) 硫黄酸化物や窒素酸化物の汚染物質を多くふくんだ雨が，地上の森林などに被害をおよぼすことがある。このような雨を，その化学的性質から何というか。

〔　　　〕

「中学基礎100」アプリ テスト前 5科4択 で，

スキマ時間にもテスト対策！

問題集

＼ 日常学習 テスト1週間前 ／

『中学基礎がため100％』
シリーズに取り組む！

アプリ

＼ 定期テスト直前！ ／

テスト必出問題を
「4択問題アプリ」で
チェック！

アプリの特長

『中学基礎がため100％』の
5教科各単元に
それぞれ対応したコンテンツ！
＊ご購入の問題集に対応した
コンテンツのみ使用できます。

テストに出る重要問題を
4択問題でサクサク復習！

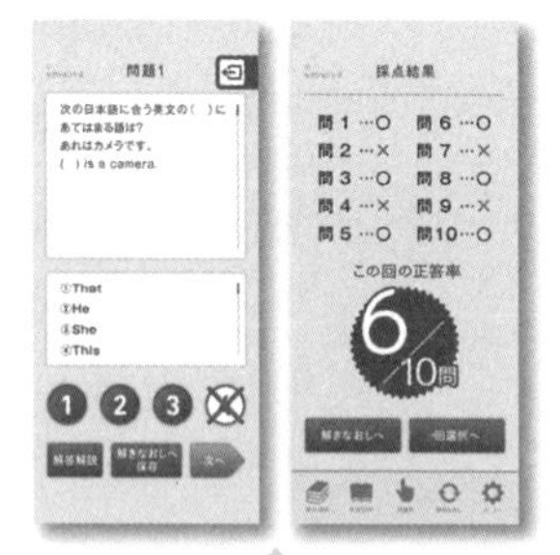

間違えた問題は「解きなおし」で，
何度でもチャレンジ。
テストまでに100点にしよう！

＊アプリのダウンロード方法は，本書のカバーそで（表紙を開いたところ），または1ページ目をご参照ください。

中学基礎がため100％

できた！ 中3理科
生命・地球（2分野）

2021年3月　第1版第1刷発行

発行人／志村直人
発行所／株式会社くもん出版
〒108-8617
東京都港区高輪4−10−18　京急第1ビル13F
☎ 代表　03(6836)0301
編集直通　03(6836)0317
営業直通　03(6836)0305

印刷・製本／株式会社精興社

デザイン／佐藤亜沙美（サトウサンカイ）
カバーイラスト／いつか
本文イラスト／塚越勉・細密画工房（横山伸省）
本文デザイン／岸野祐美（京田クリエーション）

ISBN 978-4-7743-3125-6

CD57522

くもん出版ホームページ　https://www.kumonshuppan.com/

＊本書は『くもんの中学基礎がため100％　中3理科　第2分野編』を改題し，新しい内容を加えて編集しました。

これだけは覚えておこう

中3理科　生命・地球(2分野)

❶ 生物のふえ方

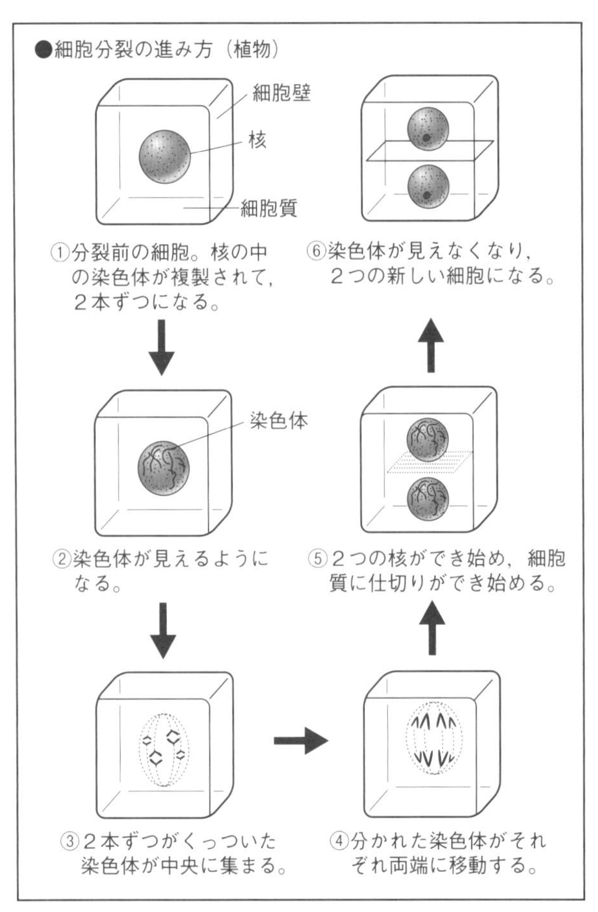

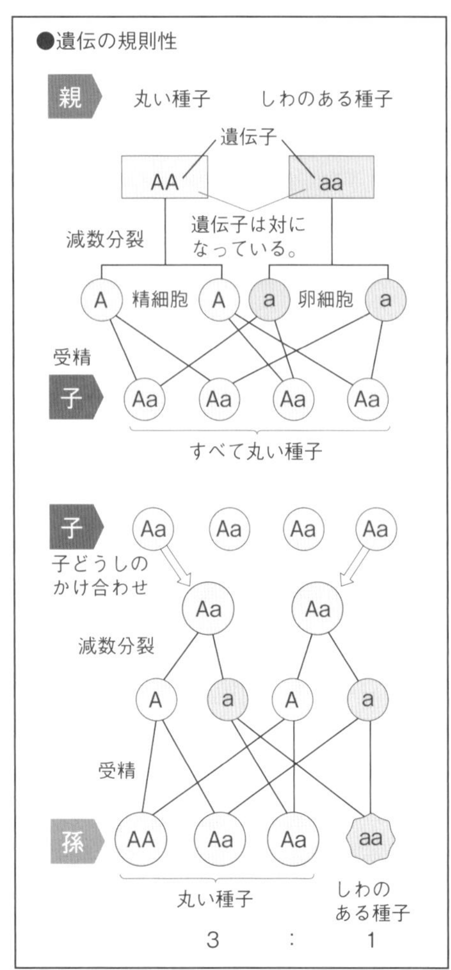

❷ 天体の１年の動き

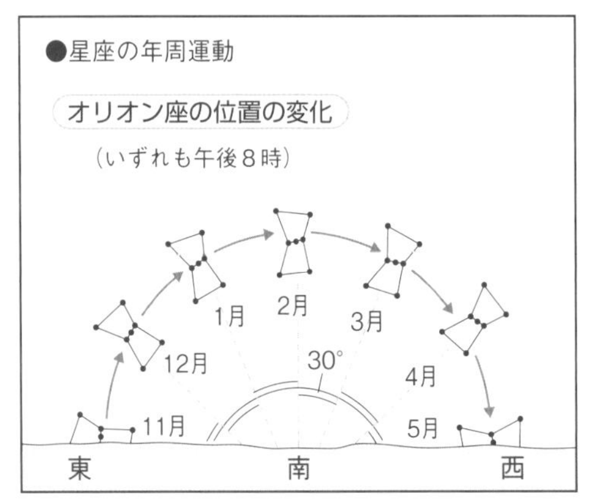

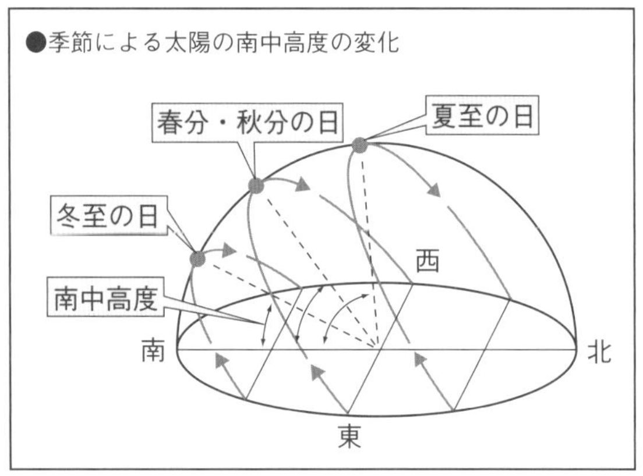

⬅ていねいに引っぱってください。別冊解答になります。

中学基礎がため100%

できた! 中3理科

生命・地球(2分野)

別冊解答書

答えと考え方

・答えの後の(　　)は別の答え方です。
・記述式問題の答えは例を示しています。内容が合っていれば正解です。

復習ドリル（中２までに学習した「花のつくりとはたらき」「細胞」） P.5

1
(1) タンポポ　めしべ…ア
　　　　　　おしべ…イ
　　サクラ　　めしべ…イ
　　　　　　おしべ…ア

(2) タンポポ…イ
　　サクラ　…ア

2
(1) ①柱頭
　　②花粉
　　③受粉

(2) 果実…子房
　　種子…胚珠

3
①核
②細胞質
③単細胞生物

単元1　生物のふえ方

1章 細胞分裂

基本チェック　P.7・P.9

①
(1) ①1　②2
　　③複製　④仕切り

(2) ①核　②染色体　③中央
　　④両端　⑤仕切り

②
①細胞分裂
②大きく

---

③
①細胞分裂　②成長　③先端
④成長点　⑤根冠

④
①はなれ　②塩酸
③酢酸カーミン液
④酢酸オルセイン液　（③④は順不同）

基本ドリル　P.10・11

1
(1) （A→）D→F→B→C→E
(2) ア…細胞質　イ…核
(3) 染色体　(4) （G→）I→J→H
(5) ウ

2
(1) イ　(2) ウ

3
(1) C　(2) イ
(3) 酢酸オルセイン液

練習ドリル　P.12・13

1
(1) 酢酸カーミン液，酢酸オルセイン液
(2) 核　(3) 染色体
(4) ２倍
(5) 染色体
(6) 大きくなる。

2
(1) ア…染色体　イ…核
(2) D→A→B→C

3
(1) 根の先端部分
(2) 先にいくほど小さくなっている。
(3) （Aと同じくらいの大きさまで）大きくなる。

(4)　2個の細胞　(5)　細胞分裂

(6)　成長点

考え方 (1)　根のつけ根，根の中ほどは，ほとんどのびていない。

(2)　先にいくほど，小さくなっている。

(3)　B，Cの細胞も，Aの細胞の大きさくらいまで大きくなる。

(4)，(5)　1個の細胞が2個の細胞に分かれることを，細胞分裂という。

(6)　細胞分裂がさかんに行われるところを成長点という。根の先端は成長点を守る部分で，根冠とよばれる。

発展ドリル

P.14・15

1 (1)　植物の細胞

(2)　ア…核　イ…染色体

(3)　A→D→F→B→C→E

考え方 (1)　細胞分裂のときに仕切りができているので，植物の細胞である。動物の細胞では，仕切りはできずに，両側からくびれて2つの細胞になる。

(3)　Aがもとの細胞である。核の中に染色体が現れ(D)，染色体が中央に集まった(F)後，両端に分かれ(B)，2つの核ができて間に仕切りがつくられ(C)，2つの細胞になる(E)。

2 (1)　C

(2)　染色体，核

(3)　染色体

考え方 (2)，(3)　染色液に染まるのは，核と染色体である。

3 (1)　同じ。

(2)　複製されるから。

(3)　①細胞分裂で数がふえる。

②1つ1つの細胞が大きくなる。

4 (1)　タマネギの根

(2)　細胞を1つ1つはなれやすくするため。

単元1　生物のふえ方

2章 生物の生殖

基本チェック

P.17・P.19

1 ①生殖　②無性生殖

③体細胞分裂(分裂)　④栄養生殖

⑤同じ

2 (1)　①有性生殖　②卵

③卵巣　④精子

⑤精巣　⑥受精

⑦受精卵　⑧発生

(2)　⑨精巣　⑩精子

⑪卵巣　⑫卵

---

3 ①受粉　②花粉管

③胚珠　④精細胞

⑤卵細胞　⑥胚

⑦種子　⑧果実

4 ①半分　②減数分裂

③同じ

基本ドリル

P.20・21

1 (1)　受粉

(2)　花粉管

(3)　胚珠

(4)　精細胞

(5)　受精

(6)　胚

(7)　①有性　②精細胞　③受精卵

④受精　⑤細胞分裂　⑥種子

考え方 (3)～(5)　花粉管が胚珠に向かってのび，花粉管を通って移動した精細胞の核が，胚珠の中の卵細胞の核と合体する。

2 (1)　単細胞生物

(2)　無性生殖

考え方 (2)　無性生殖には，単細胞生物がふえるときの体細胞分裂，さし木やとり木などの栄養生殖などがある。

3 (1) **減数分裂**
(2) **形質**
(3) **両方の親**

考え方 (1) 生殖細胞ができるとき，染色体の数が半分になるので，減数分裂という。
(3) 有性生殖では，両方の親の遺伝子が受けつがれる。

4 (1) **栄養生殖(無性生殖)**
(2) **同じ特徴をもつ。**

考え方 (1) さし木やとり木も無性生殖である。
(2) 無性生殖では，親とまったく同じ形質が現れる。

練習ドリル P.22・23

1 (1) **精細胞**
(2) **卵細胞**
(3) **受精**
(4) **胚**

考え方 精細胞の核と卵細胞の核が合体して，受精卵ができる。受精卵は細胞分裂をくり返して胚になる。

2 (1) **精子**
(2) **卵**
(3) **受精**
(4) **受精卵**

考え方 (1)～(3) 精巣でつくられた精子と，卵巣でつくられた卵の核が合体することを受精という。

3 (1) **細胞分裂をくり返して**
(2) **発生**

考え方 受精卵は1個の細胞である。これが細胞分裂をくり返して，個体になるまでの過程を発生という。

4 (1) **単細胞生物**
(2) **体細胞分裂(分裂)**
(3) **無性生殖**
(4) **有性生殖**
(5) (3)…ア，ウ，オ
(4)…イ，エ

考え方 (3)，(4) 生物のふえ方には，雄と雌による有性生殖と，雄と雌によらない無性生殖がある。

発展ドリル P.24・25

1 (1) **精子と卵の核**
(2) **細胞分裂**
(3) ⑦
(4) ①から⑤
(5) **発生**
(6) **有性生殖**

考え方 (4) おたまじゃくしになって，はじめて自分でえさをとり始める。
(5) 細胞分裂は，発生の過程でも，さかんに行われている。

2 (1) **変わらない。**
(2) **まったく同じになる。**
(3) **減数分裂**
(4) **半分になる。**
(5) **同じ。**
(6) **イ，エ**

考え方 (1)，(2) 無性生殖では，体細胞分裂のように，細胞が分かれて新しい個体ができるので，もとの個体と同じ形質が現れる。
(3)～(5) 有性生殖では，生殖細胞がつくられるときに，減数分裂が起きて，染色体の数が半分になる。これが受精によって，親と同じ染色体の数になる。
(6) 有性生殖では，両方の親の染色体が子に受けつがれるので，両方の親の形質が組み合わさって現れる。

3章 生命の連続性

基本チェック P.27・P.29・P.31

1 ①形質 ②遺伝
③遺伝子 ④クローン
⑤純系 ⑥対立形質
⑦顕性(けんせい)形質 ⑧黄
⑨緑 ⑩丸
⑪黄色 ⑫ふくれ
⑬緑色

---

2 ①Aa ②丸い
③Aa ④Aa
⑤Aa ⑥Aa
⑦AA, Aa, aa ⑧aa
⑨3：1 ⑩AA
⑪Aa ⑫Aa
⑬aa

3 ①デオキシリボ
②DNA
③遺伝子（DNA）

---

4 (1) ①進化 ②遺伝子
③乾燥(かんそう) ④ハチュウ類
⑤ホニュウ類
(2) ⑥ホニュウ類 ⑦鳥類
⑧ハチュウ類
⑨両生類 ⑩魚類

5 (1) 始祖鳥
(2) 相同器官

基本ドリル P.32・33

1 (1) 「黄色の子葉」と「緑色の子葉」
(2) 丸い種子
(3) 黄色の子葉
(4) 顕性形質…丸い種子
潜性(せんせい)形質…しわの種子
(5) 顕性形質…黄色の子葉
潜性形質…緑色の子葉

考え方 (2)～(5) 親の形質のうち，子に現れる形質が顕性形質で，現れない形質が潜性形質である。

2 (1) 遺伝子
(2) デオキシリボ核酸(かくさん)
(3) DNA

3 (1) 分離(ぶんり)の法則
(2) ア…A イ…a
(3) ウ… Aa エ…Aa オ…Aa
(4) aa

考え方 (1)，(2) 形質を伝える遺伝子は１対ずつあり，それが減数分裂(ぶんれつ)で分かれて別々の生殖細胞(せいしょくさいぼう)に入る。

4 (1) 手とうで
(2) 相同器官
(3) いえる。

考え方 (2) 形やはたらきがちがっていても，基本的には同じつくりの器官を相同器官という。

練習ドリル P.34・35

1 (1) 対立形質
(2) 純系
(3) 現れる形質…顕性形質
現れない形質…潜性形質
(4) エ (5) ウ

2 (1) ①黄色 ②緑色
③3：1 ④有色
⑤無色 ⑥3：1
⑦ふくれ ⑧くびれ
⑨3：1

(2) いえる。

(3) 3：1

(4) DNA(デオキシリボ核酸)

考え方 子に現れる形質が，顕性形質である。子には両方の親の形質を伝える遺伝子が受けつがれるので，孫には3：1の割合で現れる。

(3) ほぼ3：1の割合になっている。例で3：1となっているので，正確な数字で答える必要はない。

発展ドリル P.36・37

1 (1) Aa

(2) ウ

(3) エ

2 ①a ②a ③A ④A

⑤Aa ⑥Aa ⑦Aa ⑧Aa

3 (1) 遺伝子

(2) Aa

(3) 顕性形質

(4) 潜性形質

(5) AA, Aa, aa

(6) AA, Aa

(7) aa

(8) 3：1

考え方 (1) 形質ではなく，形質のもとになるものであることに注意する。

(2) すべてがAaとなる。

(6) 丸い種子が顕性形質である。

(8) AA：Aa：aa＝1：2：1で，AAとAaは丸い種子，aaはしわのある種子なので，丸：しわ＝3：1

まとめのドリル P.38・39

1 (1) C

(2) 染色体

(3) エ→ウ→ア→イ

考え方 (3) 核の中に染色体が現れ，染色体が2つに分かれて細胞分裂が進む。

2 (1) 1個

(2) (A→) C→E→B→D

(3) 受精卵から個体としてのからだができていく過程のこと。

考え方 (1) 精子の核と卵の核が合体して，1つの細胞ができる。

(3) 受精卵が細胞分裂をくり返し，組織や器官がつくられ，1個体の生物のからだができていく。

3 (1) 生殖細胞

(2) 減数分裂

(3) 半分になる。

(4) ウ

考え方 有性生殖では，生殖細胞がつくられるときに，減数分裂が行われる。これが受精することによって，両方の親の遺伝子を受けつぐことになる。

4 (1) 爪，歯，尾の骨

(2) ハチュウ類

考え方 始祖鳥は，ハチュウ類と鳥類の両方の特徴をもっている。

定期テスト対策問題(1) P.40・41

1 (1) ウ

(2) カ…核　キ…染色体

(3) 酢酸カーミン液

(4) A→D→B→C

考え方 (1) 根の先端部分で細胞分裂が行われ，少し上の部分では，分裂後の1つ1つの細胞が大きくなっている。

(4) Aがもとの細胞である。染色体が現れ，それが中央に集まり(D)，2つに分かれて両端に移動し(B)，間に仕切りができる(C)。

2 (1) 3：1

(2) aa

考え方 (1) 子の遺伝子の組み合わせは，AA，Aa，Aa，aaとなる。このうち，AA，Aa，Aaは赤い花，aaが白い花をつける。

(2) 白い花は潜性形質である。

3 (1) 受粉

(2) 精細胞

(3) B…卵細胞　C…胚珠

(4) 受精

(5) 胚

考え方 (1) 花粉が柱頭につくのは受粉である。受精と混同しないよう，区別して覚えておこう。

(2) 受粉後，花粉管がのびて，Aの精細胞が移動する。

(5) Bは，Cの胚珠の中にある卵細胞で受精した後，分裂をくり返して胚になる。

4 (1) 行われない。

(2) 体細胞分裂(分裂)

(3) 無性生殖

考え方 ヒドラもアメーバも，もとの個体から分裂して新しい個体ができるので，受精は行われない。このように雄と雌によらないふえ方を，無性生殖という。

5 (1) 水中

(2) 魚類

(3) ハチュウ類から鳥類

考え方 (1) 植物も動物も，陸上で生活するものは，水中で生活するものに比べて，乾燥に耐えるための複雑なからだのつくりが必要である。

定期テスト対策問題(2) P.42・43

1 (1) エ

(2) 酢酸カーミン液，酢酸オルセイン液

(3) 染色体

(4) A→C→D→E→B

考え方 (1) 根のつけ根と中間部分は，ほとんど変化しない。

2 (1) 卵巣

(2) (A→) B→E→D→C

(3) 4個

(4) 発生

考え方 (1) 卵は雌の卵巣で，精子は雄の精巣でつくられる。

(3) 2回分裂すると，2^2個の細胞ができる。

3 (1) Aa

(2) AA, Aa, aa

(3) AA, Aa

(4) aa

(5) ウ

(6) 丸い種子の形質が顕性形質だから。

考え方 (5) 孫には，丸い種子としわのある種子が，3：1の割合で現れる。

(6) 子の遺伝子の組み合わせはすべてAaとなるが，顕性形質である，丸い種子しか現れない。

復習ドリル（小学校で学習した「太陽・月・星」） P.45

1
(1) 図１…イ
図２…ア
(2) 図１…B
図２…B
(3) ウ
(4) １か月

考え方 (1) 満月になるのは，月が太陽と反対の方向にあるときで，真南にくるのは真夜中である。半月はかがやいている方向に太陽があり，図２の半月は，太陽が西にある夕方に見える。

2
(1) ア
(2) イ

単元２ 地球と宇宙

4章 太陽系と宇宙

基本チェック P.47・P.49

1
①太陽系 ②恒星 ③8
④同じ ⑤同じ ⑥長い
⑦金星 ⑧火星 ⑨木星
⑩地球型惑星
⑪水星，金星，地球，火星
⑫岩石 ⑬木星型惑星
⑭木星，土星，天王星，海王星
⑮気体 ⑯衛星 ⑰月
⑱小惑星 ⑲太陽系外縁天体

2
(1) ①黒点 ②低い ③東
④西 ⑤自転 ⑥だ円形
⑦球形 ⑧自転 ⑨109
⑩プロミネンス（紅炎）
⑪コロナ
(2) ⑫プロミネンス（紅炎）
⑬コロナ ⑭黒点 ⑮1600万

3
①銀河 ②銀河系（天の川銀河）
③円盤 ④天の川

基本ドリル P.50・51

1
(1) 恒星
(2) 惑星
(3) 衛星
(4) 惑星
(5) ８つ
(6) 地球型惑星
(7) 水星，金星，地球，火星
(8) 木星型惑星
(9) 木星，土星，天王星，海王星
(10) 太陽系外縁天体

考え方 (3) 月は地球のまわりを公転している衛星である。
(4) 自ら光を出してかがやいている天体は，満ち欠けをすることがない。

(6)～(9)　惑星は，小型で密度が大きい地球型惑星(水星，金星，地球，火星)と，大型で密度が小さい木星型惑星(木星，土星，天王星，海王星)に分けられる。地球型惑星はおもに岩石や金属でできており，木星や土星はおもに水素やヘリウムなどの気体でできている。

(10)　冥王星は，以前は惑星に分類されていたが，現在は，エリスなどとともに，太陽系外縁天体に分類されている。

2 (1)　**ア…プロミネンス**
イ…コロナ
ウ…黒点

(2)　**まわりよりも温度が低いから。**

(3)　**ア**

(4)　**イ**

考え方 (2)　太陽の表面は約6000℃で，黒点は約4000℃である。

(4)　皆既日食のときは，太陽をとりまくコロナをよく見ることができる。

3 (1)　**東から西**

(2)　**自転**

(3)　**球形**

(4)　**約27日**

考え方 (1)，(2)　黒点を観察すると，日がたつにつれて，東から西へ移動している。これは，太陽が自転しているからである。

(3)　次の図のように，球の中心部にかいた円は，周辺部にいくと，だ円に見えるようになる。

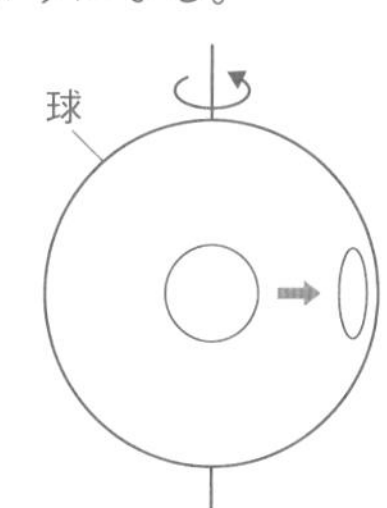

(4)　13日でほぼ半回転していることから考える。

練習ドリル　P.52・53

1 (1)　**衛星**

(2)　**月**

(3)　**金星…B　　火星…A**

考え方 (1)，(2)　月は，地球のまわりを公転している衛星である。

(3)　金星は，公転周期が地球より少し短く，直径も地球とほぼ等しい天体である。火星は，公転周期が地球より少し長く，直径は地球の半分くらいの天体である。Cは土星，Dは木星である。

2 (1)　**黒点**

(2)　**ウ**

(3)　**コロナ**

(4)　**ア…1600万℃**
イ…6000℃
ウ…4000℃

(5)　**太陽が自転しているため。**

3 (1)　**(ア→)エ→イ→オ→ウ**

(2)　**太陽は球形だから。**

(3)　**約7日**

考え方 (2)　黒点が太陽の周辺部でだ円形に見えることから，太陽が球形であることがわかる。

(3)　太陽は約27～30日で1回，自転しているので，$\frac{1}{4}$回転するには，約7日かかる。

4 (1)　**銀河系(天の川銀河)**

(2)　**ウ**

(3)　**B**

(4)　**天の川**

考え方 銀河系の直径は約10万光年で，太陽系は中心から約3万光年のところにある。この銀河系には，約2000億個の恒星があると考えられている。

発展ドリル P.54・55

1 (1) 水星
(2) 火星
(3) 海王星
(4) すい星
(5) 冥王星（めいおうせい）

2 (1) ①火星　②○
(2) ①○　②すべて同じ
(3) ①地球型惑星（わくせい）　②○

考え方 (1) 小惑星は，おもに火星と木星の軌道（きどう）の間にある。
(3) 水星，金星，地球，火星は，おもに岩石や金属でできており，地球型惑星とよばれる。木星，土星，天王星，海王星は，気体や氷などでできており，木星型惑星とよばれる。

3 (1) (天体望遠鏡で)直接太陽を見ること。
(2) 黒点
(3) まわりより温度が低いから。
(4) 自転
(5) (周辺部へいくほど)黒点の形がだ円形に見える。

考え方 (1) 太陽の光は大変強いので，直接見るのは大変危険である。黒点を観察するときは，太陽投影板（とうえいばん）をとりつけ，そこにうつった像を観察する。
(4) 太陽は東から西へ，約27～30日の周期で回転している。
(5) 黒点は周辺部では，だ円形に見える。また，周辺部へいくほど，黒点の移動の速さがおそくなる。よって，太陽が球形であることがわかる。

4 ウ

考え方 ア　金星のほうが火星よりも太陽に近く，公転の周期が短い。
イ　金星には衛星はなく，火星には2個ある。
エ　地球の大きさ(直径)を1とすると，火星は0.53，金星は0.95で，金星のほうが大きい。

単元2 地球と宇宙

5章 天体の1日の動き

基本チェック P.57・P.59

① (1) ①天球　②中心
③なめらかな線　④ふち
⑤東　⑥南
⑦西　⑧等しい
(2) ⑨日の入り　⑩日の出

② (1) ①東　②西
③見かけ　④日周運動
⑤反時計　⑥自転
⑦南中　⑧南中高度
⑨最も高く(最大に)
(2) ⑩日の出　⑪南中
⑫真夜中　⑬日の入り

---

③ (1) ①南　②のぼる
③東　④西
⑤北　⑥沈（しず）む
⑦北極星　⑧反時計
(2) ⑨東　⑩南
⑪西　⑫北

④ (1) ①東　②西
③1　④見かけ
⑤西　⑥東
⑦自転
(2) ⑧北極星　⑨地軸（ちじく）
⑩自転(回転)

基本ドリル　P.60・61

1 ①東　②天球　③西
④日周運動

考え方 天球は，地球(観測者)を中心とした大きな球形の天井(てんじょう)で，天体の動きを説明するために考えられたものである。

2 (1) 東
(2) 日の出
(3) (太陽の)南中

考え方 (2) 太陽が東の地平線からのぼることを日の出といい，図のアがこのときを示している。

3 ア…南中の位置
イ…日の出の位置
ウ…日の入りの位置

考え方 太陽が子午線を通過することを，太陽の南中という。南中したとき，太陽の高度は最も高くなる。

4 A…東　B…西　C…南

考え方 星は，東の地平線からのぼり，南の空の高いところを通って，西の地平線に沈(しず)む。

5 (1) A…西　B…東
(2) ア

考え方 (1) 北を向いたとき，右が東で，左が西になる。
(2) 北の空の星は，北極星を中心にして，時計の針と反対方向に回転しているように見える。

6 (1) 東から西
(2) 西から東

考え方 (1) 観測者がAからB(西から東)へ動くと，静止していた星は，反対の東から西へ動いたように見える。
(2) 星が動いて見えるのは，地球が西から東へ自転することによって起こる見かけの動きである。

練習ドリル　P.62・63

1 (1) エ
(2) 西から東
(3) ア
(4) 東から西

考え方 (3) 地球が西から東へ自転しているため，太陽は反対の向きに動いているように見える。

2 (1) ア…西　イ…東
(2) B
(3) C

考え方 (2) 図のA地点は日の出を，B地点は南中を，C地点は日の入りを，D地点は真夜中をむかえている。
(3) 地球は24時間で1回，自転しているので，6時間では$\frac{1}{4}$(90°)回転する。

3 (1) A…ア　B…ウ
C…イ　D…エ
(2) ア…a　イ…a
ウ…a　エ…b

考え方 (1) 図のアは西の空，イは東の空，ウは南の空，エは北の空の星の動きを表している。

4 (1) ①東　②西
(2) 自転

考え方 (1) 南の空と北の空は，どちらも東から西へ回転して見える。

発展ドリル
P.64・65

1 (1) 太陽の動く速さが一定であること。
(2) 6時
(3) 18時

考え方 (3) 太陽は透明半球上を1時間に15mm動くので，45mmは3時間にあたる。したがって，日の入りの時刻は18時になる。

2 (1) B
(2) F→G→E
(3) 南中
(4) ∠GOB (∠BOG)

考え方 (1) 図のAは西，Cは東，Dは北を示している。
(2) 太陽は東の地平線(F)からのぼり，南の高いところ(G)を通って，西の地平線(E)に沈む。
(4) 下の図は，透明半球を，東の方向から見た図である。Gは，南中している太陽の位置を示している。南中高度は，∠GOBで表される。

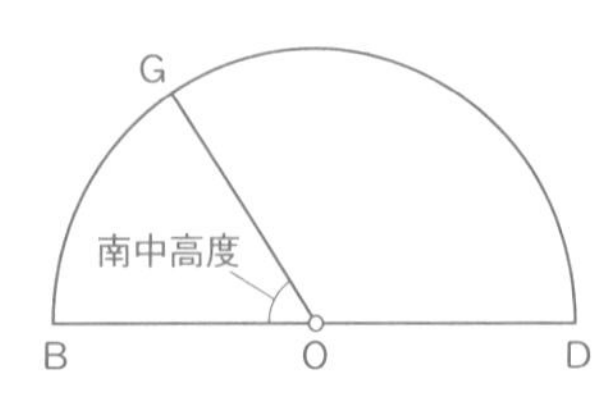

3 (1) 地軸
(2) 北極星
(3) ほとんど動かないように見える。
(4) 自転
(5) ① (6) a
(7) ウ (8) 日周運動

考え方 (2)，(3) 星Bは，ほぼ真北にあって，ほとんど動いていないように見える北極星である。
(6) 星Cは，地球の自転の向きとは反対に動いているように見える。
(8) 星の日周運動は，地球の自転による見かけの運動である。

6章 天体の1年の動き

基本チェック
P.67・P.69

1 (1) ①東 ②西 ③1
④30 ⑤北極星 ⑥反時計
⑦30 ⑧1 ⑨4
⑩2 ⑪1
(2) ⑫30 ⑬30

2 ①1 ②1
③太陽 ④公転

3 ①西 ②東
③1 ④公転
⑤黄道

---

4 ①夏至 ②冬至
③春分 ④秋分(③④は順不同)

5 (1) ①夏至 ②冬至
③23.4
(2) ④冬至の日
⑤春分・秋分の日
⑥夏至の日

6 ①長さ ②南中 ③日光
④多 ⑤多 ⑥高

基本ドリル
P.70・71

1 (1) オリオン座
(2) D
(3) イ
(4) 約30°
(5) 公転
(6) B
(7) 午後6時…C 午後10時…E

考え方 (1) オリオン座は，冬によく見える星座である。
(2) この星座は，2月15日の午後8時に南中している。
(4) 地球は1年に1回，公転しているので，1か月に，360÷12=30°動いているように見える。

(6)　2か月前の同じ時刻では，Dから東に60°ずれた位置にある。

(7)　午後6時は，午後8時の2時間前なので，Dから東に，15×2=30°ずれた位置に見える。午後10時は2時間後なので，西に30°ずれた位置に見える。

2 (1)　**冬至の日**

(2)　**春分の日，秋分の日**

(3)　**夏至(げし)の日**

(4)　**冬至の日**

考え方 (1)

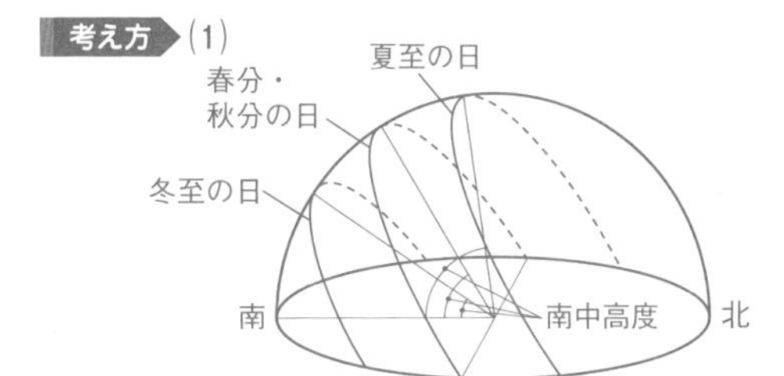

上の図のように，太陽の南中高度は夏至の日が最も高く，冬至の日が最も低くなる。

(2)　春分・秋分の日の出・日の入りは，真東・真西で，昼と夜の長さが等しい。

3 (1)　**イ**

(2)　**A**

(3)　**夏**

(4)　**冬**

練習ドリル

P.72・73

1 (1)　**B**

(2)　**午後6時**

(3)　**約2時間(早くなる。)**

考え方 (1)　図のCが8月の位置であるので，Aは6月，Bは7月，Dは9月の午後8時の位置である。

(2)　星は1か月に約30°西にずれて見えるので，南中時刻は2時間ずつ早くなる。

2 (1)　**(地球の)公転**

(2)　**D**

(3)　**C**

(4)　**さそり座**

考え方 (2)　太陽としし座の間に地球があるとき，真夜中にしし座が南中する。

(3)　日本で見られる冬の代表的な星座はオリオン座である。

(4)

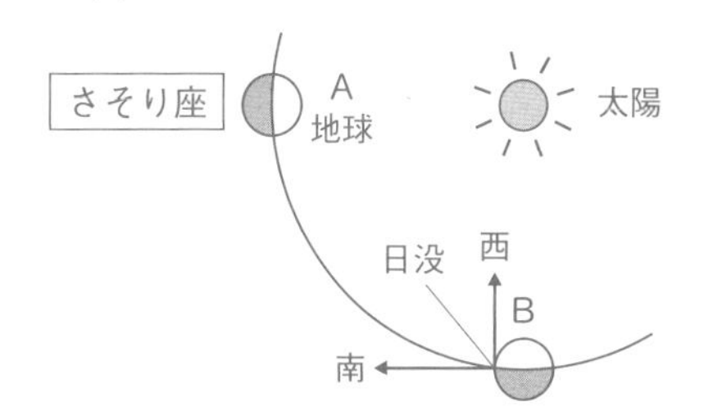

上の図のように，地球がBの位置で日没(にちぼつ)をむかえるころ，南の空にさそり座が見える。

3 (1)　**地軸(ちじく)**

(2)　**夏**

(3)　**B…秋　　C…冬　　D…春**

(4)　**ア**

(5)　**d**

(6)　**B，D**

(7)　**地球が地軸を傾(かたむ)けたまま，太陽のまわりを公転しているから。**

考え方 (2)，(3)　図1の傾きより，Aは夏，Cは冬の地球の位置を示しているとわかる。また，公転の向きより，Bは秋，Dは春の地球の位置を示しているとわかる。

(4)　地球がB，Dの位置にあるときの太陽の見かけの動きは，図2のイ，Cの位置ではそれより南寄りになるのでウ，Aの位置では北寄りになるのでアとなる。

(5)　太陽の通り道より，南中している方向のdが南とわかる。よって，bは北，cは西，eは東を示している。

発展ドリル P.74・75

1 (1) **午前1時ごろ**

(2) **2か月後(10か月前)**

(3) **①北極星　②30**

考え方 (1)　1時間に15°ずつ時計の針と反対向きに移動して見えるので，Bの位置に見えるのは，
60÷15=4時間後である。

(2)　1か月に30°ずつ反時計回りに回転するので，午後9時にBの位置に見えるのは，60÷30=2か月後である。
また，1年間で1回，公転するので，午後9時にBの位置に見えたのは，12−2=10か月前ともいえる。答えはどちらか1つ書いてあればよい。

2 (1) **つまようじの影(かげ)ができないように置けばよい。**

(2) **B**

(3) **多い。**

(4) **①高く　②長い　③多く**

考え方 (1)　太陽の光が試験管に垂直に当たっていると，つまようじの影はできない。

3 (1) **冬**

(2) **できない。**

(3) **できる。**

(4) **しし座**

(5) **地球が公転しているから(太陽を中心にして，地球がそのまわりを1年に1回，回転しているから)。**

考え方 (1)〜(3)　**図1**より，太陽がいて座近くを通るのは冬で，このときは真夜中に，いて座を見ることはできない。ふたご座は，いて座の反対側にある星座で，冬には南の空に見ることができる。

(4)　**図1**より，3月1日ごろは，太陽がみずがめ座近くを通るので，3月1日に一晩中見ることができる星座は，その6か月後に太陽が近くを通るしし座であることがわかる。
また，**図2**より，地球が春分の位置近くにきたときの，地球から見て太陽の反対側にあるしし座が，3月1日に一晩中見ることができる星座であることがわかる。

単元2 地球と宇宙

7章 月と金星の動きと見え方

基本チェック P.77・P.79

1 ①球形 ②3500 ③$\frac{1}{400}$
④$\frac{1}{400}$ ⑤同じ
⑥1億5000万 ⑦38万
⑧太陽 ⑨地球
⑩公転 ⑪満ち欠け ⑫新月
⑬日食 ⑭月食
⑮日食 ⑯月食

---

2 (1) ①ない ②東
③明けの明星 ④西
⑤よいの明星 ⑥満ち欠け
⑦見かけの大きさ
⑧内惑星(ないわくせい) ⑨満ち欠け
⑩できない ⑪水星，金星
⑫外惑星 ⑬できる
⑭火星，木星，土星，天王星，海王星
(2) ⑮よい ⑯明け
(3) ⑰公転 ⑱すべての惑星

基本ドリル P.80・81

1 (1) 出していない。
(2) A…ア C…イ
(3) D
(4) 月，地球，太陽(太陽，地球，月)

考え方 (2) Aの上弦(じょうげん)の月は，右半分がかがやいて見え，Cの下弦の月は，左半分がかがやいて見える。

2 (1) 約400倍
(2) 約400倍
(3) ①400 ②400

考え方 (3) 近くの物体は大きく見え，遠くの物体は小さく見えるが，地球から見える月と太陽のように，距離(きょり)と大きさの比がほぼ等しいときは，同じ大きさに見える。

3 (1) A，B，C
(2) 西
(3) D，E，F
(4) 東

考え方 (1)，(3) 次の図からもわかるように，日の入り地点からは，A，B，Cの位置にある金星しか見えない。また，日の出の地点からは，D，E，Fの位置にある金星しか見えない。

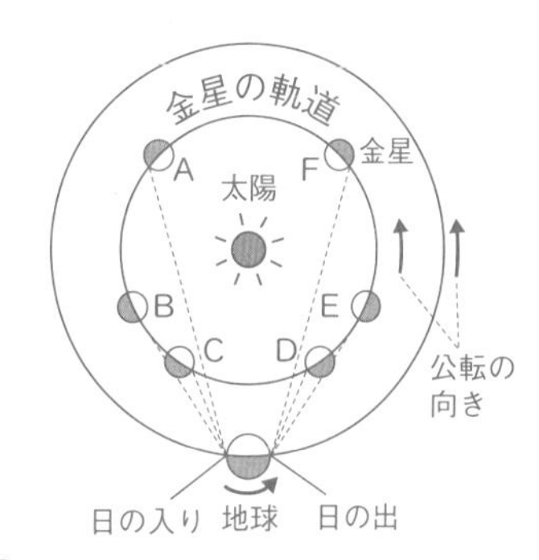

4 (1) B
(2) C
(3) イ，エ

考え方 (1) 図2のように，金星の右側がかがやいて見えるのは，地球から見て，太陽の左側に金星があるときである。
(2) Cでは，太陽の光を受けて反射する面が，地球のほうを向いていないので，見えにくい。
(3) 金星は，太陽のある方向に見えるので，明け方の東の空，夕方の西の空にしか見えない。

練習ドリル　P.82・83

1 (1) ①**一直線**　②**太陽**
③**月**　④**地球**　⑤**月**
(2) 日食…イ　月食…ア

考え方 (2) (1)の説明文にあてはめて考えてみる。月は地球のまわりを公転しているので，ウのように太陽が地球と月の間に入ることはない。

2 (1) A　新月

B
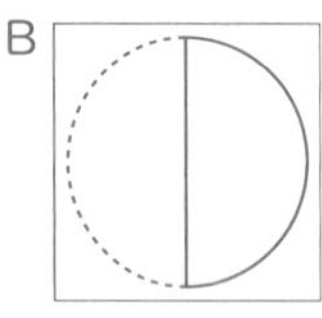

C
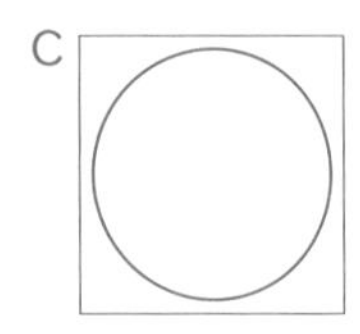

D
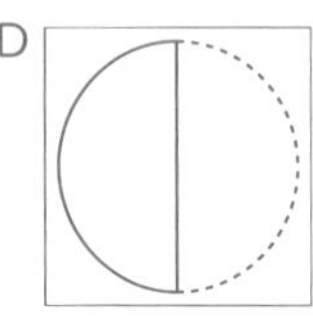

(2) AとBの間

考え方 (1) Cは，月に太陽の光が当たっている部分全体が地球から見える。B，Dは半分しか見えない。Aはまったく見えない。
(2) 三日月とは，新月(月が見えない状態)から3日ほどたった月である。

3 (1) エ
(2) キ
(3) **金星の見かけの大きさが変化する。**
(4) D
(5) できない。
(6) **金星が地球より内側を公転しているから。(金星は内惑星だから。)**

考え方 (1) 金星は太陽の方向に見えるので，明け方の東の空(明けの明星という)と夕方の西の空(よいの明星という)にしか見えない。Aの位置の金星は，太陽が沈む夕方に見える。
(2) 金星が図1のAの位置にあるとき，地球から金星を見ると，かがやいている三日月の形に似ている。
(3) 地球と金星の公転周期は異なるため，金星は地球に近づいたり，遠ざかったりする。よって，見かけの大きさが変化する。
(4) 金星が地球から最も離れているDの位置にあるとき，最も小さく見える。

発展ドリル　P.84・85

1 (1) D
(2) C
(3) できない。
(4) H
(5) できる。
(6) I
(7) A…ウ　B…ア

考え方 (3) 地球の公転軌道の内側を公転する惑星を内惑星といい，真夜中に見ることはできない。
(5) 火星は，地球の公転軌道の外側を公転しているため，図のIの位置にあるときに，真夜中に見ることができる。
(7) 火星は地球の外側を公転している。そのため，いつも太陽の光を反射している面が見えるので，ほんのわずかしか，満ち欠けして見えない。

2 (1) イ
(2) V_4
(3) 夕方

考え方 (1) 金星と地球との距離が小さくなるほど，形が大きく欠けて見え，大きさは大きく見える。

3 (1) D
(2) C

まとめのドリル　P.86・87

1 (1)　**天球**

(2)　**A…西　B…南　C…東**

(3)　**A…日の入り(の位置)**

C…日の出(の位置)

(4)　**地球は一定の速さで自転していること。**

(5)　**ウ**

考え方 (4)　天球上の太陽の動きは，地球の自転による見かけの運動である。太陽が天球上を一定の速さで動くということは，地球が一定の速さで自転していることを示している。また，1日たつと，太陽がほぼもとの位置に見えることは，地球が1日に1回自転していることを示している。

2 (1)　**黄道**

(2)　**A**

(3)　**西の空**

(4)　**うお座**

考え方 (4)　4月に地球は，図のAの位置にあるため，1月の位置は，図のDの位置になる。18時は，日没(にちぼつ)後なので，次の図のように，南中する星座はうお座になる。図では，星座は近くに示してあるが，実際は遠くにあるため，真南にある星座はうお座であり，おひつじ座ではないので注意する。

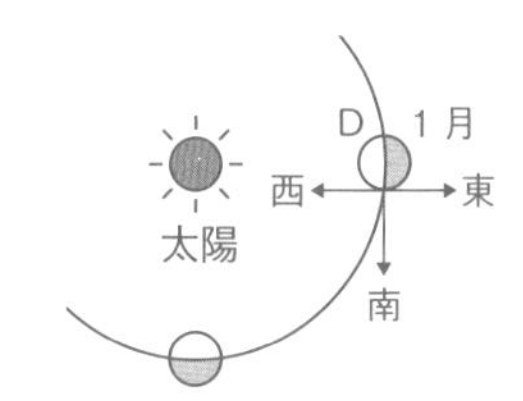

3 (1)　**ウ**

(2)　**太陽の直径は月の直径の約400倍あるが，地球から太陽までの距離(きょり)も地球から月までの距離の約400倍だから。**

(3)　**ア**

(4)　**イ**

考え方 (2)　(太陽の直径)：(月の直径)が，(地球から太陽までの距離)：(地球から月までの距離)とほぼ等しいため，地球から見たときの太陽と月の見かけの大きさは，ほぼ同じになる。

(3)　皆既(かいき)日食は，見かけの太陽と月が，ほぼ同じ大きさであることから起こる現象である。部分日食があるのは，太陽・月・地球が，一直線上でなく，少しずれるためである。

定期テスト対策問題(3) P.88・89

1 (1) ア…北　イ…東　ウ…西
エ…南

(2) ア…A　イ…B　ウ…A
エ…A

(3) 北極星

(4) (星の)日周運動

考え方 図のアは，北の空の星の動きで，Xの北極星を中心にして，反時計回りに回転しているように見える。イは東の空の星の動きで，南寄りにのぼっていく。ウは，西の空の動きで，北寄りに沈む。エは，南の空の動きで，東から西へ動く。

2 (1) O

(2) B

(3) C

(4) 等しい。

(5) (地球の)自転

3 (1) 4月21日

(2) 地球の地軸が公転面に対して垂直方向から傾いているため。

考え方 (1) Bの記録で，太陽は真東からのぼり，真西に沈んでいる。1か月後のAでは，太陽はBよりも北寄りからのぼり，北寄りに沈んでいる。このことから，Bは春分の日の記録であることがわかる。

4 (1) ア

(2) A

(3) ふたご座→おとめ座→いて座→うお座

(4) ふたご座

(5) 地球の公転，地軸の傾き

考え方 (1) 地球の公転の向きは，自転と同じである。

(5) 地球は地軸を傾けたまま公転しているので，太陽の南中高度や昼の長さが変化し，季節が生じる。

定期テスト対策問題(4) P.90・91

1 (1) 惑星A…金星
惑星B…火星

(2) ア

(3) イ，エ

(4) 惑星B

考え方 (1) 地球のすぐ内側の軌道を公転しているのは金星，すぐ外側の軌道を公転しているのは火星である。

2 (1) 公転

(2) D

(3) 10月

考え方 (2) 星は，同じ時刻に観測したとき，1か月に約30°ずつ，東から西に移動して見える。図は，2月から6月の間なので，Aが2月，Bが3月，Cが4月，Dが5月である。

(3) Cの位置は4月の夜12時の位置なので，昼の12時にくるのは，その半年後の10月である。

3 (1) 方位…ウ　月…12月

(2) A

(3) イ

(4) 位置…D　見え方…イ

(5) 高くなる。

考え方 (1) 図1で太陽の南中高度が，20日すぎに最も低くなっていることから，この日が冬至だとわかる。また，図2の地軸の向きからも，観測を行ったのが冬だとわかる。

(2) 日食が見られるのは，太陽，月，地球が，一直線上に並んだときである。

(3) 満月になるのは，月が図2のCの位置にあるときである。(2)の日食は，図1より23日ごろである。このとき，月は図2のAの位置にあり，Cの位置にあるのは，2週間ほど前になる。もしくは，月がCの位置にあるとき，月の南中高度が最も高くなるので，図1から，月の南中高度が最も高い日を選ぶ。

(4)　真夜中に地平線に月が見えるのはBとDのときで，東に見える月はDの位置のイ下弦（かげん）の月である。

(5)　図2の冬至の日が，太陽の南中高度が最も低い。

ドリル（小学校で学習した「生き物のくらしと自然環境」）P.93

(1)　酸素

(2)　二酸化炭素

(3)　呼吸

(4)　植物

2 (1)　食物連鎖（しょくもつれんさ）

(2)　ア…肉食動物

イ…草食動物

ウ…植物

(3)　植物

考え方 (3)　図の関係から考えてみても，植物にいきつくことがわかる。

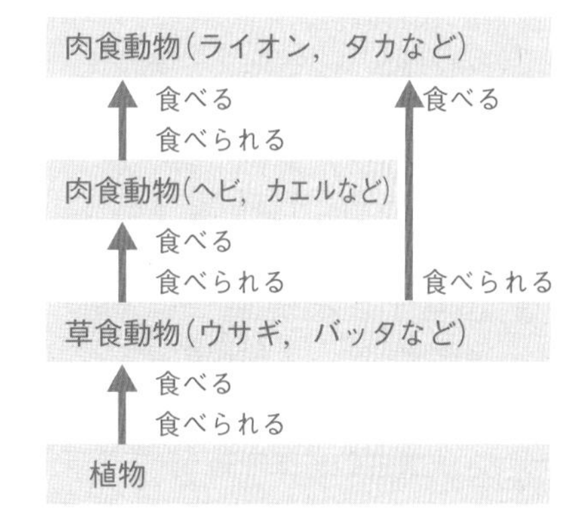

8章 生物界のつながり／自然と人間

基本チェック P.95・P.97

1 (1) ①食物連鎖 ②食物網
③光合成 ④植物
⑤生産者 ⑥肉食
⑦消費者 ⑧ピラミッド
⑨生産 ⑩植物 ⑪消費
⑫大 ⑬肉食
(2) ⑭生産者
⑮消費者
⑯消費者

2 ①ふえる
②ふえる
③へる

---

3 ①菌類 ②微生物
③有機物 ④無機物
⑤分解者

4 ①光合成 ②呼吸
③呼吸 ④呼吸
⑤呼吸 ⑥光合成

5 ①水のよごれ ②気孔

基本ドリル P.98・99

1 (1) ササ
(2) ササ
(3) イタチ
(4) へる。
(5) へる。
(6) ふえる。
(7) へる。
(8) イ

考え方 (1) 生産者は，植物である。
(2) 最も数量が多いのは，ピラミッドの最も下の層となる生産者(植物)である。
(8) 自然界の中では，それぞれの生物が増減をくり返しながらも，つり合いは保たれているといえる。

2 生産者…植物プランクトン，キャベツ，ムギ
消費者…動物プランクトン，バッタ，カエル，ミミズ，カツオ，ネズミ，ヘビ

考え方 生産者は植物だけで，植物プランクトンも光合成を行う。動物は消費者に分類される。

3 ①大気のよごれ ②酸性雨
③川の水のよごれ

考え方 ①マツの気孔のよごれを調べることで，その地点での大気のよごれ具合を調べることができる。
②pH試験紙は，酸性，アルカリ性の強さを調べることができる。
③指標となる水生生物の種類と数を調べることで，水のよごれ具合を調べることができる。

4 (1) 気体X…酸素
気体Y…二酸化炭素
(2) A…光合成 B…呼吸
(3) 有機物

考え方 (1)，(2) 気体Xは消費者もとり入れているので酸素，気体Yはすべての生物が出しているので二酸化炭素と考えられる。Aは酸素を出しているので光合成，Bは酸素をとり入れているので呼吸のときの気体の流れを示しているとわかる。

練習ドリル P.100・101

1 (1) D
(2) 有機物
(3) 消費者
(4) A，B，C
(5) 食物網

考え方 (2) 生物に必要な有機物は，生産者である植物だけがつくり出す。

(3), (4)　動物は有機物を自分でつくり出せないので，植物のつくり出した有機物を，直接または間接的に消費している。

(5)　動物は複数の食物を食べるので，食べる・食べられるの関係は，網(あみ)の目のように複雑になっている。この関係を食物網(しょくもつもう)という。

2 (1)　**交通量の多い地点**

(2)　**酸性**

(3)　**酸性雨**

考え方 自動車や工場からの排出(はいしゅつ)ガスには，いろいろな物質がふくまれていて，空気をよごす原因となっている。空気中に排出される二酸化硫黄(にさんかいおう)や窒素(ちっそ)酸化物などが雨にとけこむと，硫酸(りゅうさん)や硝酸(しょうさん)になり，酸性雨となる。酸性の強い雨が降る地域では，森林が枯(か)れたり，湖が酸性になったりして，生物が死滅(しめつ)するなどの被害(ひがい)が出ている。

3 (1)　**有機物**

(2)　**死んでしまう。**

(3)　**できない。**

(4)　**土の中の微生物(びせいぶつ)**

(5)　**ふえると考えられる。**

(6)　**分解者**

考え方 (1)　デンプンは有機物である。

(2)　土をよく焼くと，土の中の微生物は，熱によって死んでしまう。

(3)　微生物は，菌類(きんるい)や細菌類であり，葉緑体をもたないため，自分で養分をつくり出すことはできない。

(4)　有機物を分解することによって，二酸化炭素が発生した。

(5)　Cの土の中の生物は生きているので，有機物を入れると，分解して二酸化炭素を出す。

(6)　生物の死がいや排出物中の有機物を無機物に分解することから，分解者とよばれる。

発展ドリル

P.102・103

1 (1)　**二酸化炭素**

(2)　**光エネルギー**

(3)　**光合成**

(4)　**生産者**

(5)　**ア**

(6)　**(細胞(さいぼう))呼吸**

(7)　**b**

考え方 (1)　大気中に存在する炭素の化合物は，二酸化炭素である。

(2)～(4)　植物(生物A)は，太陽からの光エネルギーを利用して光合成を行い，無機物から有機物をつくり出す。よって，植物は生産者とよばれる。

(5)　生物Bは草食動物，生物Cは肉食動物にあたる。

(6), (7)　生物が行う呼吸では，酸素をとり入れて，二酸化炭素を出す。呼吸によって，有機物から生命維持(いじ)に必要なエネルギーをとり出している。

2 (1)　**カンジキウサギ**

(2)　**増加している。**

(3)　**カンジキウサギはオオヤマネコのえさとなるため。**

(4)　**ウ**

考え方 (2), (3)　カンジキウサギとオオヤマネコの増減の周期は，およそ10年である。カンジキウサギの数の増減が，オオヤマネコの数の増減の原因と考えられる。

3 (1)　**台風**

(2)　**火山活動**

(3)　**地震(じしん)**

まとめのドリル　P.104・105

1
(1) 食物連鎖
(2) 光合成
(3) 消費者
(4) エ
(5) A…ふえる。　C…へる。

考え方 Aは植物，Bは草食動物，Cは小形の肉食動物，Dは大形の肉食動物である。
(5) 草食動物が減少すると，植物は増加するが，肉食動物はえさが不足するので，へってしまう。

2
(1) 植物
(2) 生産者
(3) 肉食動物
(4) C…光合成　D…呼吸
(5) E，F，G
(6) 無機物
(7) 分解者

考え方 (4) 植物は，呼吸と光合成を行っている。C，Dは二酸化炭素の流れなので，Cが二酸化炭素をとり入れる光合成で，Dが放出する呼吸である。

3
①マツの気孔のよごれ
②pH試験紙
③水生生物の種類と数

考え方 ①空気がよごれていると，植物の気孔によごれがたまる。マツの気孔はよごれがたまりやすいので，観察しやすい。
③川などの水のよごれは，指標となる水生生物の種類と数で調べることができる。カワゲラ類やサワガニは，きれいな水にしかいない。また，エラミミズがいれば，よごれた水であることがわかる。

定期テスト対策問題(5)　P.106・107

1
(1) 二酸化炭素
(2) ①石油　②石炭
（①②は順不同）
③森林
(3) エ
(4) 呼吸
(5) 地球温暖化

考え方 (3)，(5) 大気中の二酸化炭素の量がふえると，温室効果によって，地球の気温が上昇する。これを地球温暖化という。

2
(1) 二酸化炭素
(2) 光合成
(3) B・C…消費者　D…分解者

考え方 (3) Dは菌類，細菌類である。

3
(1) ①
(2) 細菌類などの微生物

考え方 水質調査をするには，次の図のような生物の種類と数を調べて，手がかりにするとよい。

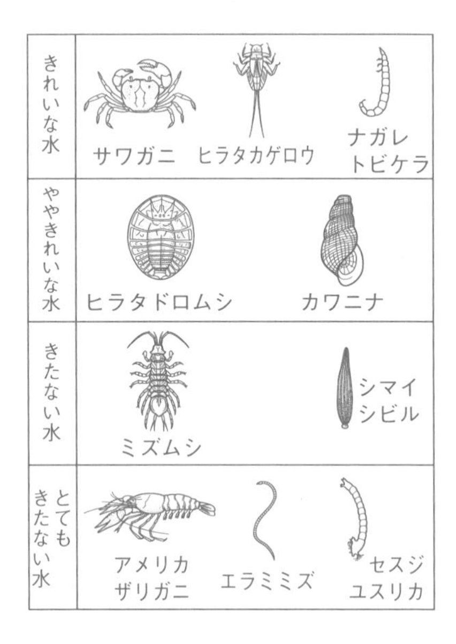

中学の理科 分野のまとめテスト(1) P.108・109

1 (1) A

(2) 記号…I　名前…気孔(きこう)

(3) G

考え方 (1) ワセリンをぬったところからは，蒸散は行われない。蒸散はおもに葉で行われるので，葉に何もぬらないものが，最もさかんに蒸散が行われ，試験管内の水が最も減る。

(2) 蒸散は気孔で行われる。気孔は葉に見られる小さな穴で，葉の裏側に多い。

(3) 根で吸収された水は，Gの道管を通り，葉でつくられた養分は，Hの師管を通る。

2 (1) 二酸化炭素

(2) 日光に当てただけでは変化がないこと。(オオカナダモがなければ変化は起こらないこと。)

(3) c…呼吸　d…光合成

考え方 (1) BTB溶液(ようえき)は酸性で黄色，中性で緑色，アルカリ性で青色になる。青色のBTB溶液に息をふきこむと二酸化炭素が水にとけて炭酸ができ，液が中性や酸性になる。

(2) a，bは対照実験である。

(3) cは，光合成ができないので，呼吸によって二酸化炭素が放出されて酸性(黄色)になった。dは，呼吸よりも光合成がさかんに行われたことによって二酸化炭素がなくなり，もとの青色(アルカリ性)にもどった。

3 (1) 20秒

(2) 7.5km/s

(3) 9時14分50秒

(4) (地震(じしん)の) 規模

考え方 (1) 初期微動継続時間(しょきびどうけいぞく)とは，初期微動を起こす波が到着(とうちゃく)してから，主要動を起こす波が到着するまでの小さなゆれの続く時間のことである。

(2) P波の伝わる速さは，150kmと300kmの値を読んで求めると，

$$\frac{(300-150)\text{km}}{(30-10)\text{s}}=7.5\text{km/s}$$

(3) P波が，震源から150kmの地点に到達するまでにかかる時間は，

$$\frac{150\text{km}}{7.5\text{km/s}}=20\text{s}$$

である。グラフより，震源から150kmの地点では，P波は9時15分10秒に到達しているので，その20秒前が地震発生時刻となる。

(4) マグニチュードとは，地震そのものの規模を表す。震度は，各地点でのゆれの度合いを表す。

4 (1) B→C→A

(2) 等粒状組織(とうりゅうじょうそしき)

(3) 深成岩

(4) 火山灰

考え方 (1) マグマのねばりけが大きいほど，火山は高くもり上がる。また，マグマのねばりけが小さいほど，横にうすく広がる。

(2)，(3) 同じくらいの大きさの鉱物の結晶(けっしょう)が組み合わさったつくりを，等粒状組織という。深成岩に見られる特徴(とくちょう)である。

また，斑晶(はんしょう)の部分と石基の部分からなるつくりを，斑状組織という。火山岩に見られる特徴である。

(4) 大量の火山灰が降ることで，家屋や農作物に被害(ひがい)を与(あた)えることがある。

中学の理科 分野のまとめテスト(2) P.110・111

1 (1) イ

(2) イ，オ

考え方 (2) トカゲはハチュウ類，イモリは両生類である。トカゲは陸に卵をうむ。イモリにうろこはなく，卵からかえった子は，えらで呼吸する。

2 (1) 食物連鎖

(2) 二酸化炭素

(3) ①

考え方 (1) 生物どうしの食べる・食べられる関係を食物連鎖という。

(2) 大気中の炭素は，おもに二酸化炭素の形で存在する。

(3) 分解者が二酸化炭素を出すことはあるが，とり入れることはない。

3 (1) 55％

(2) 6.0g

(3) イ

(4) エ

(5) ウ

(6) 酸性雨

考え方 (1) $\frac{12.8\text{g}}{23.1\text{g}} \times 100 = 55.4\cdots\%$

(2) 5℃の飽和水蒸気量は6.8g/m^3なので，1 m^3あたりにできる水滴は，$12.8\text{g} - 6.8\text{g} = 6.0\text{g}$

(3) 前線Aは寒冷前線である。寒冷前線付近では，冷たい空気があたたかい空気の下にもぐりこみおし上げながら進むため，強い上昇気流が生じ，積乱雲ができやすい。

(5) 低気圧の地表付近では，周辺から中心に向かって反時計回りに風がふく。

2103R1